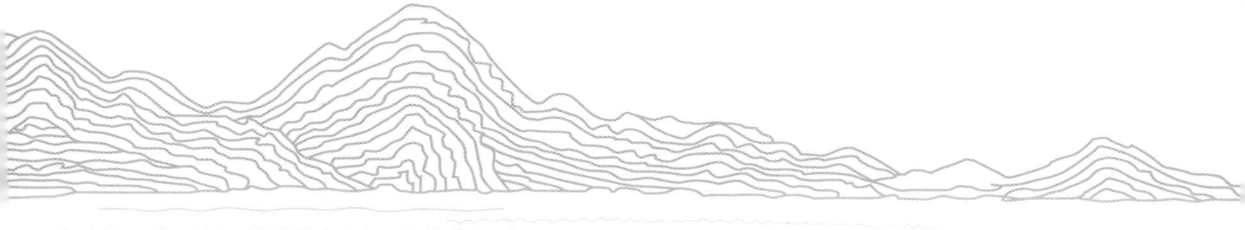

刘志明 王彦庆 主编

厕所革命

厕所革命不仅仅是一场生态领域的革命，

也是一场文化、观念和文明的革命、是一场技术创新的革命。

厕所革命是一场全球性的革命，中国的厕所革命实践有着世界性意义。

中国社会科学出版社

图书在版编目(CIP)数据

厕所革命/刘志明,王彦庆主编. —北京：中国社会科学出版社，2018.7(2019.1 重印)
ISBN 978-7-5203-2646-9

Ⅰ.①厕… Ⅱ.①刘…②王… Ⅲ.①公共厕所—建设—研究—中国 Ⅳ.①TU993.9

中国版本图书馆 CIP 数据核字(2018)第 116474 号

出 版 人 赵剑英
责任编辑 陈肖静
责任校对 刘 娟
责任印制 戴 宽

出 版 中国社会科学出版社
社 址 北京鼓楼西大街甲 158 号
邮 编 100720
网 址 http://www.csspw.cn
发 行 部 010-84083685
门 市 部 010-84029450
经 销 新华书店及其他书店

印 刷 北京明恒达印务有限公司
装 订 廊坊市广阳区广增装订厂
版 次 2018 年 7 月第 1 版
印 次 2019 年 1 月第 2 次印刷

开 本 710×1000 1/16
印 张 12
插 页 2
字 数 139 千字
定 价 56.00 元

凡购买中国社会科学出版社图书，如有质量问题请与本社营销中心联系调换
电话：010-84083683

《厕所革命》编委会

目　录

序言　厕所革命的“三化”

有关厕所革命的文章很多，本书最主要的特点是强调厕所革命的方向是“三化”，即人性化、无害化、资源化。本书的作者也多是厕所革命“三化”的拥戴者、实践者、创新者。自2015年以来，这些人就从各自奋斗多年的厕所技术创新领域走出来，聚在一起共同探索厕所革命。刘志明主编希望我为本书写个序，我立即就答应了。因为厕所革命太需要宣传从人性化、无害化向资源化的高度攀登的舆论了。

习近平总书记2014年12月在江苏南京、镇江考察工作时谈及农村旱厕改造时说：“厕改是改善农村卫生条件、提高群众生活质量的一项重要工作，在新农村建设中具有标志性，可以说小厕所、大民生。”2017年11月27日，习近平总书记再次指出，“厕所问题不是小事情，是城乡文明建设的重要方面，不但景区、城市要抓，农村也要抓，要把这项工作作为乡村振兴战略的一项具体工作来推进，努力补齐这块影响群众生活品质的短板”。正是“小厕所，大民生”“补齐群众生活品质短板”的指示，把厕所革命将引发城乡营养物绿色大循环的前景勾画出来，让我们明晰城乡建设的生态、宜居目标。

比尔·盖茨呼吁世界重新设计厕所，最初的目的是为解决贫困地区的饮水水源保护问题，鼓励发明可以存放粪便，并把粪便转变为再生能源与肥料的新型厕所。2008 年清华环境楼有远见的应用了源分离技术，这意味着人类 200 年前引入抽水马桶，解决环境卫生，防止流行病传播的手段将发生变化，即直接将粪尿无害化、资源化、能源化，城市下水道将不吸纳粪尿，污水处理厂也不再处理粪尿，促成这一变化的动因是绿色低碳。2016 年世界标准化组织成立不连接下水道的厕所国际标准专委会，这一标准将引发“世界重新设计厕所”和“城市下水道革命”两件大事。

与国内外厕所革命的形势相适应，本书从源分离技术、重构绿色循环、从绿色经济到蓝色经济、社会转型中的设计实验、设计创新助力厕所革命落地、雄安新区创新从“厕所革命”开始等方面，阐述了厕所革命从人性化、无害化到资源化的必由之路。让所有的读者能看明白，在生活中非常方便的一冲了事，一方面造成粪尿营养物进入农田循环链的断裂，另一方面造成污水处理厂用高能耗去除粪尿营养物的弊病。人粪尿不仅成为城市病的重要组成部分，而且成为全国水域富营养化和出现黑臭水体的元凶。我们期待：千家万户厕所更加人性化，确保无味、无病菌；生活污水黑、黄、灰分离，分别资源化；人粪尿不再进入污水处理厂，实现低碳、循环；人粪尿转化为商品肥进入农村替代化肥；远离污染的食品和饮水从农村供应城市。凡此种种期待能否变为现实，都集中于厕所革命。重要的是，厕所革命的号角已经吹响，从人性化、无害化走上资源化的道路已经开通，在绿色、低碳、循环发展的大旗下，需要的是立即行动起来。

希望更多读者通过本书更多了解厕所革命，从厕所革命看到人的幸福最大化、环境影响最小化是世界潮流，让我们每个人理解绿色就在身旁，在阅读和思索之后，读懂新时代。

夏　青

2018 年 5 月 1 日

“厕所革命”，不仅在于厕所

张惠远　刘煜杰*

厕所是衡量文明的重要标志，厕所问题不仅关系到旅游环境的改善，也关系到广大人民群众工作生活环境的改善，关系到国民素质提升、社会文明进步。“厕所革命”是一项改善如厕设施和环境的得民心、顺民意、惠民生的重大民生工程，在推进实施乡村振兴战略、打好脱贫攻坚战、美丽乡村建设和全面建成小康社会过程中，把“厕所革命”摆在重要位置至关重要。

一　“厕所革命”，推动改善农村人居环境

小厕所，大设施，补齐环境短板。我国农村环境基础设施薄弱，很多地区缺乏基本的污水处理设施，污水收集管网不完善，污染治理配套设施明显不足。将改厕与农村污水处理相结合，与农村污水治理统筹推进、同步进行，带动农村污水管网、处理设

* 中国环境科学研究院生态文明研究中心主任；中国环境科学研究院生态文明研究中心助理研究员。

施建设，规划、设计好相关配套设施，做好后续管理、维护工作，既解决村民家中厕所“入端”，也解决了“出端”，破解乡村治理难题，提升农村环境治理能力和治理水平。如，山东省临沂市将改厕与完善农村基础配套设施结合起来，统筹推进改厕与污水处理，通过推广使用单户、多户并联的一体化污水处理设备、建设小型污水处理设施、铺设村内污水管网等措施，实现了改厕后生活污水集中收集处置、达标排放。

小厕所，大环境，改善村容村貌。我国农村污水垃圾产生量大、污水横流、垃圾乱堆乱放、“脏乱差”现象仍普遍存在。将改厕与村庄规划、建设美丽乡村相结合，同步推进改厕与垃圾污水治理、道路硬化、绿化美化，科学制定施工方案，合理确定工序流程，推进实现路畅、厕洁、村美。如，天津市津南区北闸口镇前进村把户厕改造和美丽乡村建设紧密结合，在道路硬化的同时铺设地下污水管网，修建污水井、三格化粪池、生态沉淀池等污水处理设施，不仅让村里人用上了干净的厕所，彻底改变了过去厕所脏乱差的状况，使农村变得干净卫生整洁，农村环境卫生面貌焕然一新，也大大提高了村民的生活质量，人民群众的满意度和幸福感持续攀升。

二　“厕所革命”，推动形成绿色生活方式

厕所是居民日常生活必不可少的重要场所与基本卫生设施，不仅对控制疾病传播、提高村民健康至关重要，也是反映一个地区社会文明程度的重要标志，关系农村环境质量和人民群众生活品质，关乎国民素质和社会文明。

小厕所，大健康，阻断疾病传播。农村改厕是改善农村环境、防治农村疾病的治本之策。人体排泄物里残留许多病菌、病毒，厕所因此也就成为最容易传播疾病的地方之一。据统计，我国农村地区有80%的传染病是由厕所粪便污染和饮水不卫生引起，其中与粪便有关的传染病达30余种。通过改造曾经“一个土坑两块砖，三尺栅栏围四边”臭气冲天、蝇蛆成群的简陋农村厕所，对粪便实施无害化处理，有效杀灭粪便中的细菌和寄生虫卵、减少蚊蝇滋生，不仅能够严控霍乱、痢疾等肠道传染病和血吸虫病等寄生虫病，也可以减少对环境和水源的污染，实现从源头有效预防、控制疾病的发生和流行。如，山西省运城市绛县，通过厕所革命使6万多农村居民告别蚊蝇滋生的老式旱厕，当地肠道传染病减少46%，蛔虫病减少40%，蝇虫密度降低90%以上。

小厕所，大民生，培育绿色生活。“厕所革命”是对农村居民传统卫生习惯和生活方式的深刻变革。农村居民传统的生活习惯依然普遍存在，尽管多数村庄已实现“半城镇化”，但大多数村民长期以来习惯于“茅坑”式如厕方式，环境卫生难以改善。通过改水改厕的“小切口”，大力普及基本的健康知识和技能，倡导绿色生活方式，可以帮助农村居民改变不良卫生习惯，提高农村居民健康知识知晓率和个人卫生行为形成率，潜移默化提升农村居民健康卫生素质，增强农村居民健康意识，促进形成良好卫生习惯和健康绿色生活方式。根据国家卫计委调查数据显示，改厕前后我国农村居民的健康知识知晓率由70%提高到77%，饭前、便后洗手的农村居民比例分别提高了21.5%和24.9%。

小厕所，大载体，提升文明素养。“厕所革命”是促进农村文明建设的有力抓手。在传统思维中，厕所是“藏污纳垢之地”，难登大雅之堂，厕所文化的缺失影响了社会文明程度的提高。农村改厕，一方面是对老百姓只重视“进口”，不重视“出口”传统观念的改变，促使农村居民群众关注厕所的建设和管理，使厕所成为创造美、传播美、享受美、分享美、奉献美的载体。另一方面，也是不断提高农村居民基本道德素质的重要契机，通过教育、宣传、引导等方式，倡导文明如厕、干净卫生的理念，提高村民文明用厕和厕所保洁的意识，维护公共空间的卫生环境，爱护公共设施，形成健康文明的文化意识。

三　“厕所革命”，助推打好打赢脱贫攻坚战

小厕所，大战略，关系脱贫攻坚。“厕所革命”提高了农村居民生活品质，但在老少边贫地区，很多贫困群众仍然使用人畜共用的厕所，人畜饮用水尚未达标，直接影响贫困群众的健康状况和生活质量，而且，很多农村建档立卡贫困户，就是因病致贫。习近平总书记关于“厕所革命”的重要批示，指出要做到“厕所革命”在老少边贫地区全覆盖，把“厕所革命”作为决胜脱贫攻坚的重中之重，结合实际制定规划，努力推动贫困地区脱贫攻坚。如，张家界市永定区尹家溪镇红石林村贫困户吴某一家人均收入略高于贫困线，但是，在他家却是人畜共厕，厨房用水条件差，用过的餐具不能及时清洗，厕所里的污染源得不到及时的排污和消毒，屋内潮湿严重，一旦感染上疾病，很容易因病返贫。

小厕所，大扶贫，推动精准脱贫。“厕所革命”是影响决胜脱贫攻坚的关键问题，将改厕与精准扶贫相结合，与产业扶贫、

易地扶贫搬迁、危房改造、教育扶贫、健康扶贫、生态扶贫相结合，加快推动农村基础设施建设，提升乡村环境，抑制疾病污染源传播，避免脱贫户因病致贫。同时，还推动发展乡村旅游脱贫和生态产业脱贫，解决了一些贫困户就业问题，使农村居民得到更多的收益，走上脱贫致富的道路。如，广西巴马瑶族自治县结合脱贫攻坚新农村建设、危房改造、扶贫移民搬迁等，动员农户在建房的同时配套建设独立的或符合标准的厕所，并对贫困户、五保户、低保户、残疾人家庭等4类特殊对象给予优先安排，从而加快农村无害化卫生厕所建设，改善了村容村貌，同时带动村里发展了农家乐，吸引了大批游客前来观光旅游。

四 "厕所革命"，助推实现乡村振兴战略

小厕所，大蓝图，关系乡村振兴。党的十九大提出实施乡村振兴战略，总的要求是产业兴旺、生态宜居、乡风文明、治理有效、生活富裕，让生态美起来、环境靓起来，再现山清水秀、天蓝地绿、村美人和的美丽画卷，实现绿水青山就是金山银山。而厕所革命是实现乡村振兴战略迫切需要补齐的"短板"，对于实现农村产业链条化，改善乡村人居环境，提高人民生活品质，有效控制乡村生活污染，预防疾病传播，倡导健康、科学、文明的生活方式和全面建成小康社会具有重要意义。

小厕所，大发展，助推生态旅游。"厕所革命"顺应了我国经济由高速增长阶段转向高质量发展的背景，结合乡村振兴，针对农村改水改厕，抓好整体规划，推进厕所涉及的粪污治理、沼

气利用、有机堆肥等产业融合化和产业链一体化，逐步升级改造为兼具卫生、休息乃至审美、商业、文化等功能融合的新空间，从而助推当地生态旅游发展，实现以“厕所革命”推动建设村落风景区、旅游风情小镇，打造美丽小镇、美丽村庄、美丽田园，为新时代推动旅游业大发展、实施乡村振兴战略注入强大动力。

小厕所，大产业，推动资源利用。以厕所革命为契机，综合考虑地形条件、人口规模、经济水平等因素，将厕所粪污、畜禽养殖废弃物、秸秆一并处理并资源化利用，作为资源循环利用的前端支点，发展沼气、有机肥等产业，催生新型清洁式产业发展，多角度、多方面集合生态产业，实现厕所的生态产业化革命。如，陕西省安康市白河县，把改厕改圈工作作为突破口，与先进企业合作学习，引入创新技术，将传统的水冲式厕所、猪圈改造升级为环保、有机的“生物降解厕所”和“湿式有益菌预拌型垫料发酵床猪圈”。生物降解厕所让粪便通过发酵、加菌，变成有机肥料，重返农田。湿式有益菌预拌型垫料发酵床猪圈让圈养环境变得舒适卫生，真正做到“零排放、一增加、二提高、三减少、四节省”，农村居民养猪收入大大增加。

综上所述，“厕所革命”是对传统观念、传统生活方式、生态环境建设的深刻革命。厕所革命不仅在于厕所，更在于补齐现代生活公共服务体系短板，破解乡村环境治理难题，改善村容村貌，提升人居环境；更在于追求美好生活，改变传统的生活习惯，形成绿色生活方式，保障健康安全；更在于推动打好打赢脱贫攻坚战，让更多贫困户得到实实在在的实惠，加快脱贫致富的步伐；更在于推动农业农村废弃物资源化利用，推动农村产业发展，推动实现乡村振兴。

全球环卫挑战和技术变革的未来

刘　东*

人类进入文明时代，特别是开始城市聚居以后，环境卫生就成为影响人们健康的重要因素。和郊野不同，城市本身的污废自净能力很弱，必须通过额外修建相应的设施，才能实现对污废的有效排放和处理。但人们花了十几个世纪的时间、付出了惨重代价，才逐渐认识到环境卫生的重要性。

从希腊、罗马时代一直到中世纪，大多数的城市都是将粪污直接倾倒在城市街道、阴沟、河流等周围环境中。欧洲的街道污秽满地，下雨时大量污秽被冲出，甚至把街道变成了粪坑，著名的河流臭气熏天。人们的生活环境变得十分糟糕，各类病菌和污染物更导致了传染性疾病的爆发和快速传播。16 世纪，英国发明了抽水马桶，从而使人们不必和粪污直接生活在一起，但还不能保证有效排放和安全处理，必须修建下水管网，将粪污及时运送到较远的地方排放。直到 18 世纪，伦敦爆发了著名的“大恶

* 比尔及梅琳达·盖茨基金会北京代表处高级项目官员。

臭”事件（Great Stink）并导致鼠疫大流行，伦敦市政府才下决心投入资金修建了大规模下水管网，成为现代城市管网建设的样本。

从那开始，抽水马桶和下水管网逐渐成为人们解决环境卫生问题最主流、最有效的方式。由于环境卫生标准的提高，人们生活在越来越洁净的城市，生活水平、健康状况得到了极大提高、改善。但时至今日，管网建设也逐渐暴露出不足。很多国家、地区、城市和社区在修建管网方面遇到了重大困难，说明管网并非环境卫生问题的万能良药。

一 全球环境卫生面临着巨大挑战

（一）环境卫生的需求缺口依然十分庞大

尽管各国在环境卫生设施方面都进行了高额投入，但随着全球城市化进程的加快，环卫设施的需求缺口仍然十分庞大。据世界卫生组织（WHO）和联合国儿童基金会（UNICEF）联合检测计划（Joint Monitoring Program，JMP）统计，全球有9亿人完全没有厕所可用，只能露天排便；有16亿人只能用上基本的卫生条件都不具备的原始状态厕所；即使在具备管网设施的地区，由于管网条件差或服务体系不健全，还有20亿人使用的环卫设施不能有效处理粪污，依然对他人的健康和环境构成重大威胁。

在发展中国家发生的疾病中80%都和恶劣的饮水和环卫条件有关，据估算每年给全球造成经济损失超过2600亿美元。由于环境卫生条件差造成的腹泻，每年导致56万儿童死亡，相当于每分钟死去一名。不仅如此，腹泻还带来很多间接的负面影响，比如破坏儿童营养吸收功能，加重营养不良，以及由于口服疫苗被泻出造成免疫失效。由此可见，环境卫生的巨大缺口带来的经济社会影响触目惊心，给人类社会的长期可持续发展潜力带来了重大的负面效应。

（二）环卫设施的缺口还将继续扩大

一是全球人口还在不断膨胀，发展中国家人口增长尤为迅速。2017 年全球人口 77 亿，联合国预计 2030 年世界人口将达到 86 亿，2050 年达到 98 亿，其中一半的增长来自非洲和南亚，47 个最不发达国家将是增长速度最快的。二是全球城镇化还在推进，特别是发展中国家城镇化速度远超发达国家。据世界银行估计，到 2050 年，全球 66% 的人口将会居住在城市，非洲是城镇化速度最快的地区，目前城镇人口 4.7 亿，到 2025 年将新增 1.87 亿，2040 年非洲城镇人口将进一步上升到 10 亿。人口特别是城市人口的增长使环卫设施和服务的需求不断扩大，但供给力度远远不够理想。

首先是很多发展中国家税收和财政收入有限，对城市基础设施建设的投入严重不足。根据 JMP 项目 2017 年报告，撒哈拉以南非洲、南亚、东南亚地区管网设施覆盖率均低于 20%（参见图 1）。

其次是建有管网的地区和城市，基础设施也逐渐老化，维修更新的成本不断上升，不仅发展中国家，发达国家也面临着类似的问题。例如美国大多数城市的管网系统已经使用了超过 100 年，管网的泄漏破裂问题严重，修复费用总计高达 6000 亿美元，仅匹兹堡一个城市修复和重建管网就需要投入 30 亿美元巨资，会直接造成消费者多付出 50% 的费用。

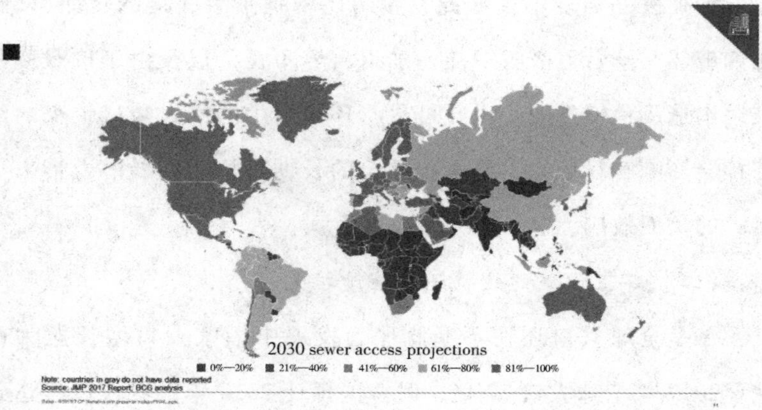

图 1 全球环卫设施覆盖率

最后是抽水马桶和管网设施需要依赖水冲系统，但全球水资源的供需矛盾加剧，水资源储量严重不足，联合国发布的《世界水资源发展报告》预测，到 2030 年世界将有 40% 的地区和人口陷入水资源短缺。对很多发展中国家来说，即使具备足够的财力条件，未来增加管网设施也面临着重大瓶颈。

多数国家都意识到了这个问题的严重性，并提出了各自的解决思路。2015 年联合国通过的可持续发展目标中，明确列入了提供环境卫生设施和服务。其中的 6.2 和 6.3 两款要求：到 2030 年，人人享有适当和公平的环境卫生和个人卫生，杜绝露天排便，特别注意满足妇女、女童和弱势群体在此方面的需求；到 2030 年，通过以下方式改善水质：减少污染，消除倾倒废物现象，把危险化学品和材料的排放减少到最低限度，将未经处理废水比例减半，大幅增加全球废物回收和安全再利用。美国鼓励粪污就地处理技术的发展和推广，2016 年旧金山市出台规定，要求面积超过 25 万平方英尺的楼宇必须安装灰水就地处理和回用系统；印度提出了“清洁印度使命”（Swacch Bharat Mission），目标是2019年消除露天排便，修建1000万座厕所，并积极尝试就地处理系统。

（三）现有技术不足以满足日益增长的环卫需求

在当前全球环卫需求不断上升、缺口日益扩大的形势下，必须尽快修建相应环卫设施，但遗憾的是，现有的技术条件均不足以实现安全、洁净、环保的现代环卫要求。

挑空厕所和粪坑仍然在一些发展中国家的城市中使用，比如印度新德里和孟买的贫民窟，但此类厕所完全没有技术性和卫生性可言，基本属于原始状态厕所，不仅气味难闻，无处下脚，而且带来巨大的环境和健康风险，属应被淘汰的解决方案。

化粪池在一些国家的社区中有所应用，主要利用堆肥过程产生较高的温度实现杀菌和无害化，具备一定的处理能力，能达到基本的环卫要求。但化粪池的缺点是由于需要埋入地下，一旦泄漏很难处理，且维护较为频繁，不易改进。同时，化粪池对粪污的处理能力较差，需要时间长，且需要相应的清掏服务，在不具备相应服务体系的国家和地区适用性不够。

铺设下水管网是当前最主流的解决方案，粪污通过管网被运送到污水处理厂，处理达标后将水直接排放入自然水体或适当回用，有条件的地区还会将污泥无害化处理后填埋或以其他形式排放。但管网系统的最主要缺点是需要进行土建，建设成本较高，在人群已经聚居的社区重新开挖管网设施难度很大。同时，管网设施必须接入水冲系统，必须建设污水处理厂，但能否真正实现污水和污泥的无害化处理还需要看处理设施的技术水平。此外，有些地区如山区、缺水地区、高寒地区等，并不具备修建管网的条件，勉强修建管网系统成本高昂，缺乏可持续运营的基础。

很多发展中国家的城市都在尽量铺设管网设施，但并不能保证粪污的有效处理。事实上，由于管网设施跑冒滴漏、清掏不及时且过程不够安全、非法倾倒、粪污处理能力不足和技术不够等各种原因，这些城市往往处于有设施无处理的状态。

如图 2 所示，印度首都新德里有 75% 的厕所接入了管网系统，24% 属原位环卫设施。但接入管网系统的厕所中，18% 的粪污由于泄漏排放到了环境里，23% 未能在污水处理厂实现充分无害化处理，原位设施中 7% 的粪污被非法倾倒入环境，1% 由于清掏过程不安全出现了泄漏，16% 未能及时清掏出现满溢流入环境，最终仅有 34% 的粪污得到了有效处理。

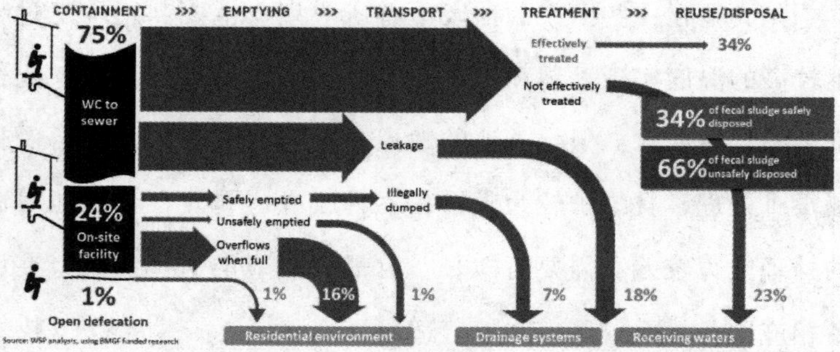

图 2　印度新德里环境卫生设施和粪污处理情况

再比如孟加拉国首都达卡，尽管有 20% 的厕所接入管网系统，加上 79% 的原位环卫设施，经过类似分析，最终得到有效处理的粪污仅为 2%。

二 满足全球环卫需求必须进行技术革新

根据JMP项目2017年报告，从2011年到2015年共5年中，全球能使用粪污无害化处理厕所的人口比例仅增长了3个百分点，从36%增长到39%。证明现有技术条件对提高厕所普及率特别是粪污无害化处理率的作用十分有限，迫切需要开展和加速技术革新。

由于环卫技术是一个全产业链条，在推动环卫技术革新时也必须从全产业链的角度出发。现有的完整环卫设施产业链共分为五个环节：储存（containment）、清掏（emptying）、运输（transport）、处理（treatment）、倾倒或回用（disposal/reuse）。

综合考察现有的环卫技术可以发现，环卫技术造成健康和环境风险的主要原因包括储存能力不够或密封性差、清掏和运输环节不安全或不规范、无害化处理技术水平不足、倾倒操作不规范或未充分回用。为了降低各个环节出现的风险，推动环卫技术革新可以采取两种思路：一是尽量减少环卫技术的产业链环节，将风险范围缩减到少数环节上；二是对每个产业链环节进行技术改进，降低每个环节的风险。

按照前一种思路，可以推进原位处理设施的研发和推广，将储存和处理环节合二为一，这样就消除了清掏和运输环节，也就相应避免了清掏和运输环节的风险，但此种原位处理设施必须具有良好的封闭性、即时充分的无害化处理能力和较好的经济效益。后一种思路主要是暂时无法淘汰现有设施的情况下，通过清掏、运输和处理环节的技术革新，降低现有设施各个产业链环节的风险水平。

因此，环卫技术革新可以归纳为三个方面：一是原位处理技术革新。二是清掏和运输技术革新。三是充分无害化处理技术革新。在支持环卫技术革新方面，各国都进行了有益的探索，比尔及梅琳达·盖茨基金会从 2011 年起，在支持新型环卫技术研发方面进行了大量投入，一直走在世界的前列，很多技术革新已经初见成效，甚至开始了技术转让和早期商业化合作。下文将具体介绍这些技术革新的内容。

（一）原位处理技术革新

将粪污的储存和处理合并成一个环节，是在没有管网设施的情况下，解决粪污处理风险最有效的措施，因为可以省去清掏和运输环节，这也是盖茨基金会支持力度最大的领域。但考虑到此类技术革新的主要目的是解决发展中国家和地区的环卫需求，和现有的各类技术相比，新的技术应该满足以下条件。

一是要具备现场处理粪污的能力。革新性的技术不应仅是将粪污储存，等待转运到其他地方再开展无害化处理，否则和现有技术并无实质区别，也无法有效降低清掏和运输过程中产生的环境和健康风险。相反，这种技术必须能够将粪污进行现场无害化处理，可以是即时处理，也可以在做好密闭和气味控制的情况下，储存一段时间后再处理。

二是要能够实现完全的无害化处理。因为革新性的技术并不将粪污转运到其他地方处理，其本身应具备彻底杀灭寄生虫卵、大肠杆菌等有害病原体的能力，才能实现革新的目的。同时，还应有效降低生物需氧量、化学需氧量、总氮、总磷等指标，最大限度的控制排放到环境中的污染物总量，以有效降低环境风险。

三是应具备没有电力和水冲基础设施配套情况下正常运转的能力。发展中国家和地区电力和水冲基础设施普遍缺乏，需要电力和水冲系统的设施和设备，应用范围较小，不适于迅速有效地解决这些地区的环卫需求。革新性技术和产品应该能够利用太阳能等能源，或利用粪污自身蕴藏的能量供给系统运转，从而实现系统本身可持续，且有效扩大适用范围。

四是必须具备不连接下水管网正常运转的能力。这是对革新性技术最基本的要求，否则无须部署革新性技术。

五是设备的建造和使用成本要足够低廉。考虑到抽水马桶和管网技术经过几百年的发展，本身已经十分成熟，革新性技术必须要在成本方面具有相对优势，才能真正受到市场的欢迎。特别是发展中国家和地区财力和收入水平有限，对成本更加敏感。当然，这里应该综合计算总成本，也就是比较管网系统和革新性技术的建造、运营和维护成本才能得出更加客观的结论。

六是使用者应该感觉便利和舒适。革新性技术的推广不应以便利性和舒适性为代价，而是应该创造出和现有技术特别是管网技术相同甚至是更好的如厕环境，否则将被视为过渡性产品和技术。

原位处理设备的核心是小型处理技术，这类设备既要实现充分及时的无害化处理，以避免粪污没有及时转运带来的潜在风险，又不能造成成本的大幅上升和额外能源的大量消耗，从而与管网设施相比没有成本优势。

从 2011 年开始，盖茨基金会支持了大量此类技术的研发工作，并将此类技术命名为“再造厕所”（Reinvented Toilets，RT）。

结合上面提到的原位处理技术条件，盖茨基金会在支持再造厕所研发方面提出的要求包括：经济实用，建造和维护成本平均到每人每天不超过5美分，最终目标应达到1美分；安全运行，具备完全杀灭病原体以及实现粪污资源回收利用的能力，并无须接入上水、电网和下水管网系统；可持续性，使用寿命应不少于5年；充分考虑用户的便利性和舒适性；商业可行性，应具备构成完整环卫产业链和开展商业经营的能力。在具体应用技术方面，再造厕所采用了多种技术路线，主要有生物技术、物理技术和化学技术等。下面试举几例介绍。

一是电化学处理（Electro-chemical）技术，主要是利用电化学氧化过程将污水中的污染物分解成离子，尿液中的氨变为二氧化氮，有机物转化为二氧化碳，钙、镁、磷等实现吸附，最终重新结合成为水、二氧化碳等无害的排放物。二是物理方法，对排泄物进行加温加压，在高温高压下实现消毒、杀菌，并促使排泄物中的能量释放出来，将其转化为电能回收利用。三是燃烧方法，将排泄物进行干化，并在系统内部燃烧，实现无害化和减量，回收产生的热量，并储存用于下一次处理过程。

（二）清掏和运输技术革新

有些社区可能因为种种条件所限，暂时不具备配备原位处理设施的可能，例如适合当地条件的原位处理技术无法可观的经济效益，当地有化粪池等设施而群众仍习惯使用现有设施等。在这种情况下，首要任务应该是改善这些地方的现有设施，尽可能降低其现有设施的环境和健康风险。

使用粪坑和化粪池的社区面临的主要问题包括：一是清掏不及时，造成满溢，污染社区环境；二是清掏不彻底。粪坑和化粪池长期不及时清掏，会造成粪污凝结，从而使清掏工作不彻底，同时清掏工具不适合也会造成清掏不彻底，例如在有些贫民社区，居住密集，道路狭窄，吸粪车无法开进社区内进行吸粪操作，只能任由社区内的粪坑和化粪池长期处于不清掏或清掏不彻底的状态；三是清掏不安全。由于技术条件所限，很多社区只能依赖人工清掏，发展中国家对于掏粪工的劳动保障要求普遍不足或缺失，掏粪工大多在缺乏保护的情况下进行清掏，自身暴露于污染源中，同时人工简易的清掏过程也会造成粪污遗撒在社区环境中，对社区卫生环境造成影响。由此可见，在清掏和转运方面，最需要改进的技术是吸粪设备和装置，特别是小型灵活安全的设备。

盖茨基金会支持研发新型吸粪设备（Omni-Ingestor）。万能吸粪车的技术原理是独立于吸粪车的吸粪装置，通过软管与粪车连通，另一端则需要具有强力抽吸能力，可以将满溢凝结的粪坑和化粪池进行较为彻底的清理。理想状态下，新型吸粪设备还应该具备初步分类和处理的能力，并实现良好的密封性。其基本技术原理如图 3 所示。

遗憾的是，目前新型吸粪设备的研发结果尚未达到理想状态，还需要一段时间的努力才有望取得突破性进展。

（三）粪污处理能力的改进

在管网设施条件下，污水处理厂是处理粪污最主要的手段。以中国为例，粪污主要通过管网输送到污水处理厂，或在社区的集中式化粪池中进行初步处理后再行输送到污水处理厂。但是，不管中国还是世界其他地区，大多数污水处理厂缺乏处理污泥的能力，无论是污水处理厂自己产生的污泥，还是城市集中式化粪

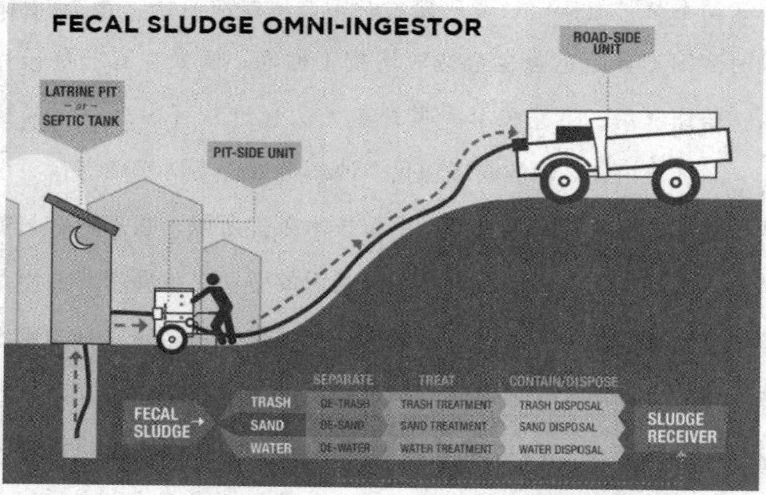

图 3　新型吸粪设备基本技术原理

池抽吸收集到污水处理厂的污泥，较为普遍的做法是对污泥进行干化处理后运至垃圾填埋场进行填埋。但这种方式的缺点是难以实现污泥的实质性减量，无法充分处理污染物，也无法完全杀灭病原体，占地面积大，加大了垃圾处理的压力，未能回收利用污泥中的营养物质和能量。仍以中国为例，中国目前城市市政污水处理率高达 92%，未来还将进一步上升到 95%，但污泥处理率则相对偏低，设区城市的污泥处理率仅为不到 60%，县城更是仅有 25%。

为了解决污泥无害化和减量化处理的难题，中国以及其他国家也在探索相应的技术路线，例如燃烧、裂解等方案。这些技术路线具备有效处理污泥的潜力，但也存在一些工艺方面的难题，比如能效偏低，对污泥热值要求较高等，这些因素影响了此类技术路线的经济效益，进而妨碍了其大范围推广。

盖茨基金会主张对污泥应进行充分的无害化以及较为彻底的

回收利用，前者可以保证设备的排放对环境和人体无害，后者则是降低此类设备运行成本、提高其经济效益的重要保障。按照这种思路，盖茨基金会支持研发新型污泥处理设备——万能处理器（Omni-Processor，OP），并取得了令人满意的成果。

万能处理器的技术原理是：（1）污泥经过烘干管道，将含水率降低至60%以下；（2）污泥烘干过程中蒸发出的水蒸气经过滤、冷凝、消毒等过程后，收集排放或回用；（3）已降低含水率的污泥送入焚烧炉，燃烧产生的热能用于推动蒸汽机发电，燃烧后参与的炉渣经炉渣通道排出；（4）蒸汽机发电供万能处理器自身运转，多余电能可对外输出；（5）推动蒸汽机运转发电后的水蒸气，温度略微降低，经过管道收集；（6）收集后的水蒸气回送至烘干炉用于烘干污泥。具体的工作流程如图4所示。

图4 万能处理器工作流程

万能处理器在热能、水和电三方面均实现了循环利用，利用三种封闭的循环同时实现了杀灭粪污中的病原体和回收粪污中的能量，并最大限度地将回收的能量用于自身使用，显著降低了运行成本。

三 厕所技术的革新前景广阔，市场潜力巨大

不可否认，抽水马桶和管网技术产生后，经过几百年的发展和推广，对提高人类社会的环境卫生水平、延长人们的预期寿命、改善城市生活环境、促进城市化健康快速发展等，起到了巨大的促进作用。但管网技术自身的技术条件限制，使其在实现环卫设施全覆盖方面存在明显的短板。

为了如期实现联合国可持续发展目标，为所有人群提供环卫设施和服务，必须考虑新型、革新性的厕所技术。这种革新性的厕所技术需要成为一个新的行业才能长久地生存、发展与壮大，要塑造新的行业又必须培育一个具有足够容量和潜力的市场。需要注意的是，如果简单地将革新性厕所技术视为管网技术的补充，就很容易将革新性厕所技术的市场定位于贫困地区和人群、农村、山区等，市场容量和潜在的消费能力都十分有限，培育新的行业也就无从谈起。那样，不管是革新性厕所技术的提供者还是其用户都会认为这类技术不过是本地区享有管网服务之前的权宜之计，投入新的行业的资源和精力会十分有限。因此，革新性厕所技术发展的最终目标应该是塑造一个新的厕所行业并鼓励其全面替代管网技术。

任何一个行业和新兴技术的发展并取代旧的行业，都是因为其得到了全部或至少大部分人的欢迎，解决了他们的迫切需求，厕所技术也不例外。首先，革新性厕所技术要在杀灭病原体和洁净程度方面达到甚至超过管网技术。例如：新技术要有效解决厕

所的气味问题，防止粪污的可视性；其次，革新性厕所技术要在用户的使用感受、便利性和舒适性方面与传统管网技术不相上下。例如：新技术可以强调节水甚至无水，但并不意味着修建更多的旱厕，更好的方式是利用处理回用的水冲厕的方式实现节水，避免人们的如厕习惯出现重大改变，妨碍其推广使用；最后，革新性厕所技术和管网技术相比应该有成本优势，这种成本优势应该以总成本计算为基础，而不是简单比较建造成本或服务成本。例如：计算管网技术的总成本应包括修建成本、服务成本和维修成本，修建成本应按照整个社区管网修建总成本进行分户平摊计算，服务和维修成本也是如此，革新性厕所技术由于是分户提供的，可以直接将设备成本视为用户的修建成本，服务和维修成本依然要分摊计算。

随着各国政府对环境卫生问题越来越重视，革新性厕所技术的潜在市场也越来越大。

波士顿咨询公司（BCG）对全球革新性厕所技术的市场规模进行了估算。由于市场规模涉及产品数量和定价两个变量，BCG估算的结果如图 5 所示，在产品普及率和价位均较低的情况下，全球市场规模为 21 亿美元；产品普及率较低，价位较高，市场规模可上升到 27 亿美元；产品普及率较高，价位较低，规模为 62 亿美元；普及率和价位均较高，市场规模可达 80 亿美元。

全球分地区来看，革新性厕所技术在亚洲的市场潜力最大，可高达 35 亿美元，发达的北方国家市场可达 18 亿美元，非洲和南美洲分别为 5 亿美元和 4 亿美元。

如果把革新性厕所技术进一步分为分户式原位处理和多户式集中原位处理两类，BCG 估算分户式市场销售潜力为 260 万台，

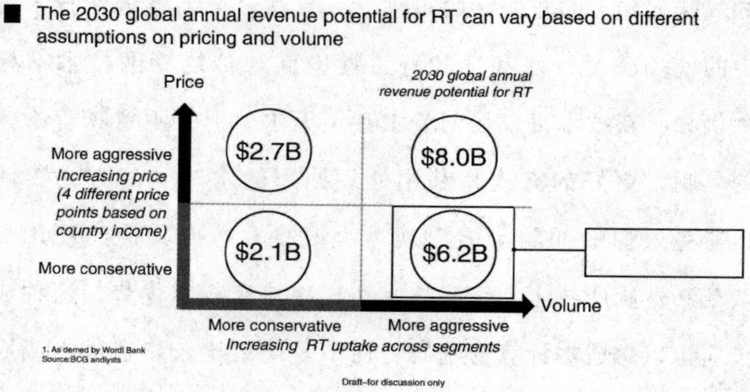

图 5　2030 年 RT 全球年收入潜力

多户式为 50 万台。

在重点国别方面，BCG 估算：中国潜在市场为 11.6 亿美元，估计分户式设备销售 8.6 万台，多户式销售 43.8 万台；印度市场为 6.2 亿美元，分户式和多户式分别为 2.1 万台和 1.2 万台；美国市场 6.6 亿美元，分户式和多户式分别为 1.1 万台和 8000 台；尼日利亚、肯尼亚和南非三个非洲国家市场规模分别为 6000 万、5600 万和 1800 万美元。

当然，BCG 的市场潜力估计仅考虑了目前没有管网设施和服务的人群和地区，如果加上从管网设施转为无管网的革新性厕所技术，实际市场容量还要大得多。同时，其估算也未考虑政策走向带来的额外市场机会，因此总体来说仍然有些偏于保守。尽管如此，在厕所这个一直没有太多重视的商业和行业领域，BCG 估算的结果依然是比较可观的。

四 技术革新在厕所革命中的作用和前景

在中国文化中，如厕一直是一件羞于启齿的事，厕所也一直没有受到过重视，环境卫生的概念更是到了 20 世纪特别是中华人民共和国成立后，才逐渐进入政策和人民的视野。

晚清和民国时代，环境卫生无论是在概念和实践中从未得到真正的重视。据记载，北京城由于排水系统不足和年久失修，污水和粪污无处排放，老百姓只能将污物直接抛洒到街道上，造成街道垃圾满地，污水横流，臭气熏天，即使天子脚下、紫禁城外，状况也是一样的差。每次皇帝到南城天坛祭天时都要步行穿过现在的天桥一带，只能将皇帝的步道垫高，并在排水阴沟也就是后来广为人知的龙须沟上修建了一座天桥，以保证皇帝不会从屎尿垃圾中穿过。即使是紫禁城里，排水设施和环卫设施也同样落后。据记载，在皇帝不常经过的地方，乃至太和殿外的角落里，都成了太监们的露天排便处。

民国政府曾经倡导过“新生活运动”，环境卫生问题首次被提及，清除垃圾和污水被列为城市环境建设的重要内容，但当时社会经济和民生状况普遍没有显著改善，国民政府又不能真正深入城乡基层设计解决方案，整个“新生活运动”也不过是昙花一现，转眼就被更重要的军政问题所取代。

中华人民共和国成立后，环境卫生的起点很低，设施和服务体系仍然十分原始。当时城市几乎没有户厕，全部为公共厕所，卫生状况差，味道难闻，必须依赖大量的掏粪工将粪污清掏并运送到农村地区做肥料，粪污的处理仅经历了简单的堆肥过程，各种污染物和病原体并未得到足够的无害化处理。

20 世纪 50 年代，新中国开始推行爱国卫生运动，环境卫生问题首次在中国得到了重视。城市公厕的普及性和洁净程度得到了很大提升，农村改水改厕工作也逐渐推广，卫生厕所在中国城乡日益普及。20 世纪末，中国更是大规模开展了城乡下水管网的建设，并取得了重大成绩。各级城市纷纷建设了污水处理厂和管网设施，污水处理率大幅度提高。截至 2017 年，中国城市污水处理率高达 92%。2000 年联合国通过了千年发展目标，要求用 15 年的时间，到 2015 年将无法持续获得安全饮用水和基本卫生设施的人口比例减半的目标。中国是仅有的在环境卫生领域达标的发展中国家，为全球环境卫生目标的实现做出了巨大贡献。

尽管成就斐然，中国距实现全部人口享有环卫设施和服务的目标还有一定的差距。农村地区、中西部地区、山区、高寒地区等不具备修建管网设施条件的地区，如厕条件依然很差，只能依靠各种旱厕、孤厕、冰厕。在具有管网设施的城市地区，随着对恢复自然环境生态的要求不断提高，部分现有的管网设施也面临着无害化和减量化的压力。

2014 年 12 月，习近平主席在江苏考察调研时指出，厕改是改善农村卫生条件、提高群众生活质量的一项重要工作，在新农村建设中具有标志性。2015 年 4 月，习主席就“厕所革命”又作出重要指示，强调“要像反对‘四风’一样，下决心整治旅游不文明的各种顽疾陋习，要发扬钉钉子精神，采取有针对性的举措，一件接着一件抓，抓一件成一件，积小胜为大胜，推动我国旅游业发展迈上新台阶”。紧接着，习主席在吉林延边考察调研时，又要求将“厕所革命”推广到广大农村地区。2017年，习主席再次作出批示，要坚持不懈推进“厕所革命”，努力补齐影响群众生活品质短板。

2018年2月，国务院发布了《农村人居环境整治三年行动方案》，要求开展厕所粪污治理。合理选择改厕模式，推进厕所革命。东部地区、中西部城市近郊区以及其他环境容量较小地区村庄，加快推进户用卫生厕所建设和改造，同步实施厕所粪污治理。其他地区要按照群众接受、经济适用、维护方便、不污染公共水体的要求，普及不同水平的卫生厕所。引导农村新建住房配套建设无害化卫生厕所，人口规模较大村庄配套建设公共厕所。加强改厕与农村生活污水治理的有效衔接。鼓励各地结合实际，将厕所粪污、畜禽养殖废弃物一并处理并资源化利用。

厕所革命，是中国在已经取得巨大成就的基础上，确立的更加高远的目标，是解决人民日益增长的美好生活需要和不平衡不充分的发展之间的矛盾的直接体现。短短三年内，厕所革命就已经成为中国各界高度关注的热词。

（一）技术革命应该成为厕所革命的核心内容之一

厕所革命是一项全面解决人民群众需要的举措，内涵十分广泛，包括了技术、服务、管理、设计等各个领域。在厕所革命的范围中，技术革命应当占有重要一席。因为倡导厕所革命的初衷之一，就是解决农村地区、中西部缺水地区、山区等地区的环卫设施和服务体系，而现有的主流管网技术在这些地区很难落地。主要原因是在这些地区修建管网设施难度大、成本高、回报低，经济上不可持续，而传统无管网的厕所又无法实现安全、洁净、环保和舒适。针对这些难点地区开展技术革命，是满足这些地区人民对环卫设施和服务需求的唯一路径。

对这些地区来说，技术革命不是简单地从没有厕所变成有厕所，而是把过去那些不安全环保、舒适性极差的厕所，在不必修建管网的前提下，更换成用户体验类似于有管网设施地区的厕所。因此，结合这些地区的情况，必须要对粪污实现充分的无害化处理，有效控制和改善厕所的气味，尽可能采取循环处理回用的冲厕系统，最大限度减少清掏和运送的需要。

在具有管网设施的地区，技术革命也不是没有用武之地。部分地区的管网设施实现全覆盖依然有难度，同时在一些特定的地方，例如旅游景点、交通枢纽、较为偏远的学校和医院等，依然属于管网设施无法覆盖的死角，必须依靠技术革命找到合适的解决方案。

只有在厕所技术上真正实现了革命，厕所革命才算是成功的革命，才具有长久的生命力。

（二）厕所革命应更多向分散式解决方案倾斜

要实现环境卫生设施和服务全覆盖的目标，可以采用集中式和分散式解决方案。集中式方案需要修建中大型的管网设施和污水处理厂，分散式则以分户处理和小微型管网设施为主。

结合厕所革命的重点目标，很容易得出结论，分散式的解决方案更适合这些地区。因为越大型的管网设施，对地形的要求就越高，特殊的地况地貌以及人员居住的分布状况，可能导致管网修建成本成倍增长，同时较大型的污水处理厂占地面积大，投入成本高，运营专业要求高，在农村、山区等地经济效益不佳。而分散式解决方案可以充分结合当地情况，提出各种灵活的方式。在居住十分分散的地方，鼓励支持配套原位处理的户厕；在居住相对分散、三五成群的地方，可以考虑一套小型设施对接多个终端的微型管网形式。

（三）革命性环卫行业的出现是厕所革命成功的标志

厕所革命的成功，指的不应仅是突破性技术革命的实现，而是一个新的革命性环卫行业的出现。也就是说，新的技术除了要具备安全、有效、环保，还需要能够形成可持续运营、受供需双方欢迎的产业链和服务体系。也就是说，采用了革命性新技术的企业，主要是环卫服务企业，能够在新的技术条件下，实现盈亏平衡甚至盈利，或者至少要和原有的管网或其他技术相比降低了成本。同时，革命性技术的采用，还要能够有效解决管网技术无法解决的问题，包括服务模式设计中遇到的问题。

例如，在中国农村地区，往往由村里设立自来水厂或农户自行挖井解决供水问题，大部分农户并不支付水费，也就无法采用城市污水处理的商业模式，即在水费中合并征收污水处理费用。在这种情况下，提供环卫服务就成了本地政府的财政负担，农民用水量越大，当地政府的财政负担也就越大，推动改厕就会遇到服务成本上升的问题。同时，由于供水没有费用，在农村地区推广节水设备和措施效果非常有限，防止农村生活污水污染水源地和生态环境也十分困难。

但是革命性厕所技术的出现，可以首先解决冲厕用水的循环使用，在实现和冲水马桶同等效果的情况下，达到节水的目的。由于厕所本身自带粪污处理设备，多数处理设备需要电能驱动，自带蓄电池或采用太阳能供电的设备可以完全不产生额外成本，即使直接使用外接电源，也可以将粪污处理的费用合并到电费中，解决农村环卫服务模式不可持续的问题。

中国农村改厕的历程与经验

付彦芬*

农村改厕贯穿于从解放初期的粪便管理，到80年代的初级卫生保健，从90年代开始的卫生城市创建，再到如今的城乡环境整洁行动及小康社会的生态文明建设，其与国家的整体发展密切相关，同时响应了联合国全球发展议程中提出的确保环境的可持续性的千年发展目标。中华人民共和国成立60余年来，农村改厕大致可分为五个阶段。

一　改厕源始于中华人民共和国成立初期的传染病防控

50年代至70年代的爱国卫生运动，是在党和政府主导及

* 中国疾病预防控制中心农村改水技术指导中心研究员。

部门参与下，充分动员群众一致共同行动清洁环境来达到控制各种传染病的目标，改厕即已成为环境卫生工作不可或缺的组成部分。

（一）“除四害”防控传染病

中华人民共和国成立初期，乡村环境普遍不清洁、不整齐，街道院内杂乱不堪，不少农村人畜同居，畜粪多堆在院内，人无厕、畜无圈的现象极为普遍。粪便暴露，到处可见蝇蛆乱飞乱爬的现象。水井无盖且周围存在脏水坑、便所、粪堆等，以致井水受到污染。痢疾、伤寒等肠道传染病高发，蛔虫病更为普遍，在儿童中患病率高达70%以上。

为了改变旧中国不卫生状况和传染病严重流行的现实，在全国普遍开展了群众性卫生运动。在抗美援朝时期，为了粉碎敌人发起的“细菌战”，中央防疫委员会提出要“保护水源、加强自来水管理”和“保持室内外及厕所清洁”，动员全国各阶层人民积极参与，掀起了群众性爱国卫生运动的新高潮。

1956年1月，中共中央政治局颁布的《全国农业发展纲要（草案）》提出：“从一九五六年开始，分别在五年、七年或者十二年内，在一切可能的地方，基本上消灭老鼠、麻雀、苍蝇、蚊子。”1958年2月12日，中共中央、国务院发出《关于除四害讲卫生的指示》，要求各基层单位每星期、各大单位每月检查评比一次，年终检查评比一次。指示发出后，全国掀起除“四害”运动。

随着全国各地广泛开展清除垃圾粪便、填平污水沟、疏通沟渠、修建和改建厕所等工作，城乡卫生面貌大大改观，有效控制了蚊蝇滋生，使环境卫生、庭院卫生和个人卫生都有了很大的改善，一些肠道传染病的发病率也明显下降。

（二）“两管五改”活动的广泛开展

做好粪便、垃圾、污水的管理和利用，特别是做好人畜粪便的管理和利用，是除害灭病的重要措施，爱国卫生运动开展之初，其即为备受关注的重要工作。

50年代至60年代中期以来的农村环境卫生工作，用“两管五改”作为核心词汇的概念已基本形成，并成为爱国卫生运动沿用十余年的形式。“两管”是管水、管粪，“五改”是改厨房、改水井、改厕所、改畜圈和改善卫生环境。1973年5月14日人民日报社论提出“搞好以‘两管五改’为中心的基本建设”，第一次以社论的形式确立了“两管五改”。1974年国务院76号文指出“在农村，要结合生产把水、粪的管理和水井、厕所、畜圈、炉灶、环境的改良……长期坚持下去”。

自解放初期至70年代末，化肥的产量低、用量少，人畜粪便是宝贵的有机肥资源，不会随意丢弃。农村粪便渗漏、污染地下水是主要问题，全国爱卫会通过倡导使用不暴露粪便的便器隔断蚊蝇传播，通过建造不渗漏的粪缸、粪坑来管理收集粪便，堆肥处理后成为无害化的有机农肥，是很好的生态处理模式，为当时我国的粮食生产和供给保障做出了贡献。

“两管五改”抓住了农村卫生工作中管水、管粪两个主要环节，有效控制了蚊蝇滋生，防止水源污染，从而取得防控疾病的主动权，是减少疾病，改善农村环境，提高人民健康水平的治本措施。“两管五改”适合当时我国农村的实际情况，改善农村环境卫生、防病灭害效果显著，其工作理念、内容、方法、模式，对中国乃至世界都产生了明显的影响。

二 改革开放促进了农村卫生厕所的普及

70年代末到80年代，随着我国改革开放和工作重心转移到经济建设，特别是农村生产体制变化后，化肥的使用量大幅增加，由集体经营的粪便收集和利用的办法停用了，粪便污染问题日显突出。粪便作为污染源在数量上扩大了，粪便处理率降低了，很多地方完全没有处理，任其污染水源、土壤等。乡镇企业和农村经济的发展，也带来了诸多污染物的无序排放导致地下水和环境的污染。在国际上不安全的供水、不卫生的厕所和不安全的粪便处理给人们的健康带来的威胁越来越受到国际社会的重视。

（一）启动“国际饮水供应和环境卫生十年”活动

1980年联合国第35届大会作出决定，从1981年至1990年发起一场为期十年的“国际饮水供应和环境卫生”活动，以解决全世界一半以上的人口的安全饮水和环境卫生设施问题。我国政府对此表示赞同和并决定由中央爱国卫生运动委员会负责我国的“国际饮水供应和环境卫生十年”活动（国发〔1981〕61号），提出“以1981年至1990年的十年为目标争取通过十年或更长的一些时间的努力，使我国人民的饮水和卫生条件有较为显著的变化，为实现‘国际饮水供应和环境卫生十年’奋斗目标，做出中国人民的贡献”。

自此开始，中国积极争取了联合国有关组织及欧洲经济共同体等援助，如联合国开发计划署资助（UNDP）的手动泵和通风改良厕所试点项目、世界卫生组织水质监测项目、世界银行贷款农村供水和环境卫生项目，欧共体资助的中国农村供水能力建设及机构改进项目等。这些项目不仅提供了资金支持，也提供了技术支持，引入了先进的改厕理念，在国内进行了农村改水改厕的有益探索。

（二）卫生厕所概念的形成

在中国，80 年代的一大技术创新是“双瓮漏斗式厕所”。该项技术由河南省虞城县卫生防疫站宋乐信医师等创造发明，相对卫生清洁且具有粪便无害化处理的功能，在当地得到了农民的欢迎。与此同时，在南方地区出现了两格、三格式厕所。1984 年 12 月召开了全国爱国卫生经验交流会，介绍了农村“两管五改”的经验，针对农村实行生产责任制后出现的新情况，指出各地要因地制宜地采取三联通式沼气池、小三格化粪池、小口深口密闭厕所以及分户密封堆肥等多种方法，对粪便进行了有效管理。

在当时的中央爱国卫生运动委员会的组织下，1987 年我国第一个粪便无害化卫生标准出台。标准规定了高温堆肥和沼气发酵的卫生标准，适用于垃圾、粪便无害化处理效果的卫生评价。

经过不断发展和完善，基本确立了卫生厕所的概念，即厕所有墙、有顶，厕坑及储粪池无渗漏，厕内清洁、无蝇蛆，粪便定期清除并进行无害化处理。对比“两管五改”时期的改厕要求，明确提出了卫生厕所既要厕屋卫生，又要对粪便进行无害化处理。

（三）开展适宜技术的推广应用

1990 年 5 月，全国爱卫会决定在全国 44 个县进行农村卫生厕所试点建设，并制定了《中国村镇厕所及粪便无害化处理设施图选》在全国范围内试点应用。随后召开了多次全国农村爱国卫生工作现场经验交流会，包括北方地区防寒卫生厕所建设研讨会、南方地区农村改厕现场研讨会等，并介绍各地的一些经验和做法，如浙江省成立了“改厕粪管技术咨询小组”，以加强技术指导、咨询培训和宣传教育；血吸虫防治省份积极推广三联式沼气厕所，以控制血吸虫传染源、提供清洁能源；大连金州区坚持宣传教育先行，因地制宜选择当地农民乐于接受、经济能力又承担的起的卫生厕所类型；河南省濮阳市委、政府一把手亲自召开改厕粪管工作会和现场交流会，并与各县签订目标责任书，市爱卫会设立改厕奖励基金等；一些地区发文要求农村新建住房必须同步建造户用卫生厕所等。

这一时期主要是不同地区建设卫生厕所试点，完善建造技术，普及了卫生厕所的知识，进行了经验交流，在局部地区进行了卫生厕所建设经验的总结和推广应用。

三 90 年代全面推动了农村改厕的开展

90 年代是农村卫生厕所的普及时期，从国家、各级党委和政府的重视与主导，爱卫办的组织和协调，国际组织的积极参与，通过示范点建设和技术研制，农民对卫生厕所的认识和需求逐步提高，改厕模式逐渐成熟。

（一）掌握农村改厕进展

1993 年 5 月，全国爱卫会组织了全国农村厕所及粪便处理背景调查，这是我国首次大规模进行的全国农村厕所及粪便处理背景调查，在全国 29 个省（区、市）展开。结果表明，我国农村有厕率为85.9%，卫生厕所普及率为7.5%，粪便无害化处理率为13.5%。通过此次调查掌握了当时农村厕所的现状，建立了全国和各省的数据库，为我国提供了一份历史性的本底资料，也是评价今后农村改厕粪管工作效果的基础性资料。

以此次调查数据为基础，全国爱卫会、卫生部下发《关于建立全国农村卫生厕所统计年报制度及有关报表事项的通知》（全爱卫办〔1995〕14号），要求建立全国农村卫生改厕统计年报制度，内容包括卫生厕所户数、有卫生厕所人口比，粪便无害化处理率，改厕总投资等；2001年对统计年报中的卫生厕所类型（5种无害化厕所和其他卫生厕所，2006年又增加一种）进行了分类，作为国家统计局的正式统计报表，与农村改水统计报表结果一起，在全国卫生事业发展情况统计公报上公开发布。

通过背景调查和改厕统计年报，为掌握农村改厕的底数和进度、科学规划实施农村改厕工作起到了推进作用；通过逐年发布改厕统计年报，促使各地政府重视农村改厕工作，促进了各地的农村改厕活动的开展和卫生厕所普及率的提高。

（二）国家推进农村改厕

1993年9月由全国爱卫会组织在河南濮阳召开了第一次全国改厕经验交流会，会上介绍了全国农村改厕的先进经验，命名表彰了农村卫生厕所建设先进县和普及县。会议要求各地政府把农村改厕纳入地方社会发展长远规划和年度计划，列入小康村建设内容，各级爱卫会要利用各种群众喜闻乐见的形式宣传改厕粪管的重要性，给群众以基本的科普知识。

1996年年底，江泽民总书记在全国卫生工作会议上讲话指出，“要继续把‘创建卫生城市’、普及‘九亿农民健康教育行动’以及农村改水改厕作为卫生工作的重点，积极加以推进，把这项工作同创建文明城市、文明村镇活动结合起来。”中共中央、国务院《关于卫生改革与发展的决定》（中发〔1997〕3号）指出：“爱国卫生运动是我国发动群众参与卫生工作的一种好形式。……在农村继续以改水改厕为重点，带动环境卫生的整治，预防和减少疾病发生，促进文明村镇建设。”

1999年由全国爱卫会、国务院妇儿工委、共青团中央、全国妇联、卫生部共同在河南新郑召开了全国农村改厕工作会议，会议总结交流了农村改厕的成绩和经验，提出了今后改厕工作主要措施，指出了工作的方向和方法。

国家制定的一系列改厕策略和工作措施，带动了各级地方政府和群众参与改厕，对推动农村改厕起到了关键作用。

（三）国际组织的参与和合作

多边和双边机构参与中国改厕始于国际饮水供应和环境卫生十年活动，对中国农村改厕起到了积极的推动作用。联合国开发计划署首次将通风改良式厕所引入中国，在新疆、甘肃和内蒙古进行了试点。世界银行贷款农村供水与环境卫生项目从二期开始将改厕和个人卫生教育与改水结合，示范推动改水、改厕、健康教育“三位一体”的模式，提出了“以改水为龙头，以健康教育为先导，带动农村改厕工作的开展”的有效模式。

联合国儿童基金会在经过1994—1995年的试点后在其国别方案中正式确立了常规的水与环境卫生项目，并配合中国政府五年计划开展了持续至今的合作，在我国多个地区实施了4个5年周期的供水与环境卫生项目，范围包括农村社区、学校和卫生服务机构，组织专家制定了厕所卫生标准、编写了《中国农村环境卫生设施低造价手册》《中国农村厕所和粪便无害化处理设施图选》《农村环境卫生与个人卫生》等。

国际组织的积极参与和合作，给中国农村改水改厕工作带来了新的管理方法、新技术选择、行为改变新模式、项目拓展方法，也为我国项目地区培养了大量改厕的专业人才。这些项目的成功，不仅在中国展示了良好的示范效果，也为全球发展中国家开展改厕工作树立了典范。

四　新世纪改厕工作纳入政府工作

21 世纪的头十年，中央转移支付系列农村改厕项目的实施，推进了改厕活动的开展，支持了更多农民家庭获得了卫生的厕所，不仅改厕的进度得到了保证，改厕的质量也有了明显提高，同时也缩小了东、西部农村改厕的差距。

（一）改厕列入国家规划

2000 年 9 月世界各国领导人在联合国千年首脑会议上通过《联合国千年宣言》，确立了千年发展目标。在全部八大目标的第七个目标是“以 1990 年为基点，到 2015 年，使没有获得安全饮水和基本环境卫生设施（厕所）的人口比例减半”，中国政府作出了承诺，确定到 2015 年中国卫生设施改善的目标要达到 75%。

卫生部、国家发改委、财政部等 7 部委 2000 年联合发布了《中国农村初级卫生保健发展纲要 2001—2010 年》，提出到 2010 年我国东、中、西部地区的卫生厕所普及率分别达到 65%、55%

和 35%。《中国妇女发展纲要（2001—2010 年）》中也提出“加强农村改厕技术指导，提高农村卫生厕所普及率，2010 年卫生厕所普及率达到 65%”。

各地规划了本地的改厕目标，并作为为民办实事的重要内容，逐步纳入到了各级政府的职责范围，农村卫生厕所建设成为农村卫生和健康的基本要素。

（二）中央财政资金支持农村改厕

2004—2008 年实施的中央转移支付农村改厕项目，这是我国第一次由中央政府资助农村卫生厕所建设，4 年连续投入近 13 亿元中央补助资金，支持了近 440 万户无害化厕所建设，其中 2006 年集中在血吸虫病流行的 7 个省，对重点血吸虫病流行的村实施卫生厕所全覆盖。

2009 —2014 年实施的国家重大公共卫生服务农村改厕项目，将改厕作为实现基本公共卫生服务均等化目标的重要内容，5 年期间，中央财政共投入 70.7 亿元，用于支持 1683.07 万户无害化卫生厕所建设，重点支持中、西部地区的农村改厕，缩小了中、西部与东部地区的卫生厕所普及率的差距。

中央财政资金主要用于地下粪便无害化处理设施的建设，保证厕所排出废物的安全性，从公共卫生的角度重视和解决农民的健康问题；带动了地方各级政府对农村改厕工作的重视，地方和农民建造卫生厕所的积极性得到很大提高，尤其在西部贫困地区，资金和政策的配套落实改变了普及卫生厕所存在较多困难的状况。

到 2010 年，全国农村卫生厕所普及率达到了 67.43%，无害化厕所 45%，完成了 65% 改厕目标。

（三）农村改厕纳入环境综合管理

2010年4月全国爱国卫生运动委员会印发了《2010—2012年全国城乡环境卫生整洁行动方案》的通知（全爱卫发〔2010〕1号），决定在全国开展城乡环境卫生整洁行动。其中的一项评价指标是农村卫生厕所普及率，即县以下行政区域（含县城）有卫生厕所农户数与农户总数的比例要达到85%，并开展无害化公厕建设工作。各相关地区经过三年努力，基本实现了2010—2012年整洁行动的阶段性目标。2015年经国务院批准，开展了新一轮整洁行动。

通过开展综合环境整治行动，加强户厕、公共场所厕所的建设与管理，将农村的粪便、垃圾和污水纳入整体的管理体系之中。国家卫生城市、文明城市的创建，也都纳入了农村卫生厕所普及率的指标，作为环境卫生考核的工作内容。

五 新起点规划厕所革命新目标

作为解决民生问题、脱贫致富的有效途径，农村改厕得到了农民的欢迎，带动了农村生活质量的提高和环境卫生的改善。农村改厕类型和模式更加多样化，改厕质量有了明显提升，领导和群众的认识与观念也得到了转变，农村改厕成了厕所革命的重要组成部分。

（一）完成千年发展目标

根据《农村改厕统计年报》，到2015年年底，全国农村2.6373亿户，使用卫生厕所的2.0684亿户，卫生厕所普及率

78.43%；其中无害化厕所的普及率达到了57.48%，超额完成2015年卫生厕所普及率75%、无害化厕所普及率45%的目标。

根据联合国公布的千年发展目标联合监测项目（JMP）的结果：到2015年，全球68%人口使用了改善的环境卫生设施，从1990年以来有21亿人获得了改善的环境卫生设施，95个国家实现环境卫生千年发展目标，但到2015年全球仍有24亿人口缺乏改善的环境卫生设施。JMP评估后认为2015年可达到68%，已无法实现MDG制定的77%的目标。JMP评估中国环境卫生设施改善率从47.50%增加到76.50%（JMP的评价方法与标准与国内有差别），已履行了实现环境卫生千年发展目标的承诺。

尽管已经完成了2015年的规划目标，但全国还有5500余万户仅有简易的卫生厕所，近5700万户未使用卫生厕所，总共有超过1.1亿户的农户需要建造或改建为无害化的卫生厕所，主要存在于中西部地区和东北地区，多为经济不发达、自然条件较差的地域，农民对改厕的认识低，缺乏改厕需求，尤其偏远、贫困地区。

（二）习主席发出厕所革命倡议

习近平主席重视厕所问题。2014年12月，习近平总书记在江苏镇江考察调研时就指出，厕改是改善农村卫生条件、提高群众生活质量的一项重要工作，在新农村建设中具有标志性。2015年在延边调研时强调，随着农业现代化步伐加快，新农村建设也要不断推进，要来个“厕所革命”，让农村群众用上卫生的厕所。基本公共服务要更多向农村倾斜，向老少边穷地区倾斜。

2016年8月，在全国卫生与健康大会上，习近平总书记充分肯定“厕所革命”的重要意义和成果，提出持续开展城乡环境卫生整洁行动，再次强调要在农村来一场“厕所革命”。“厕所问题不是小事情，是城乡文明建设的重要方面，不但景区、城市要抓，农村也要抓，要把它作为乡村振兴战略的一项具体工作来推进，努力补齐这块影响群众生活品质的短板。”

习主席倡导的“厕所革命”不仅仅厕所硬件的建设和改善，更是广大群众对厕所的观念、意识和行为的革命。厕所革命也不仅限于某一类厕所，而是包括农村户厕、城乡公厕、旅游厕所在内的所有厕所都要满足人们卫生、方便、文明的要求。习主席的指示，将为全面开展厕所建设和管理、提升厕所文明、改善群众生活品质起到巨大的推进作用。

（三）厕所革命规划新目标

《“十三五”卫生与健康规划》中提出：完善城乡环境卫生基础设施和长效管理机制，加快推进农村生活污水治理和无害化卫生厕所建设，农村卫生厕所普及率达到85%以上。

中共中央、国务院印发的《“健康中国2030”规划纲要》中指出：加快无害化卫生厕所建设，力争到2030年，全国农村居民基本都能用上无害化卫生厕所。

2015年联合国提出了全球可持续发展目标，到2030年人人都公平享有充足的环境卫生和个人卫生，消除露天排便；确保厕所不对生态环境造成危害，支持当地社区参与管理水与环境卫生的改善。

新的奋斗目标，将重点解决贫困农村地区的厕所问题，从卫生、经济、适用、环保等方面考虑选择适宜技术和模式，满足人们对卫生厕所的需求，提升群众的用厕体验和舒适度，提高对环境卫生改善的参与度和满意度。

六 系统总结改厕经验

在第九个五年计划末的2000年，全国2.38亿农户的卫生厕所普及率为44.8%，到十二个五年计划末的2015年，2.64亿农户的卫生厕所普及率达到了78.43%，15年间共改厕1亿余户，全国年均改厕数量在666.67万户。农村改厕活动的开展，显著提高了人民群众健康水平，明显改善了城乡环境卫生面貌。主要经验有：

（一）党和政府对改厕的重视

政府的重视，将农村改厕工作列入政府为民办实事的重要内容，作为改善农村环境卫生条件、密切党群关系、促进社会经济发展的大事来抓。在具体实践过程中，将农村改厕作为爱国卫生的中心工作组织实施。

首先纳入国家发展规划之中，包括《中国妇女发展纲要》《卫生事业发展“十一五”规划纲要》《关于进一步加强新时期爱国卫生工作的意见》《“健康中国2030”规划纲要》等，均提出了改厕目标，加强了党和政府对农村改厕工作的领导。其次，作为促进基本公共卫生服务均等化和农村基本卫生设施公平可及性的政策，促进了贫困落后地区的改厕工作；最后，与创卫活动相结合，与新农村建设相结合，与讲文明、树新风相结合，积极调动各方力量，将改厕作为提高群众文明素质、促进农村精神文明建设的重要途径。

（二）建立了部门协作机制

全国爱卫会统一协调和指导管理全国农村改厕工作，协调卫生、建设、农业、环保、财政等爱卫会委员部门共同参与，充分发挥社会组织和团体的作用，全面开展农村改厕工作。

卫生计生委负责农村改厕的规划和技术管理、粪便的无害化处理及效果评价，通过开展健康教育，促进农村改厕工作；发改委和财政部，将农村改厕列入我国国民经济和社会发展规划，安排了两期中央资金用于补助农村改厕；其他如住房和城乡建设部门、旅游部门结合农村住宅、示范小集镇、旅游景区、旅游村等，开展户厕、公厕和旅游厕所建设。多个省、地市、县级爱卫会在当地政府领导下将改厕列入当地新农村建设、美丽乡村建设、卫生城镇建设、环境综合整治等项目中，统一协调推进农村改厕工作。

（三）改厕的规范化与技术培训

从80年代制定的第一个粪便无害化厕所的标准开始，在农村改厕与粪便无害化的技术与管理方面制定了一系列的技术标准、指南、管理办法等，通过开展系列技术培训，用以指导全国的卫生厕所建设与使用管理的规范化和标准化，同时为农村改厕培养了一大批技术管理队伍，保证了改厕活动有效、持续地开展。通过召开全国和地方的农村爱国卫生工作现场经验交流会，介绍各地的一些先进经验和做法，将当地适宜的卫生厕所技术在全国进行了推广。

（四）国际合作促进了改厕活动的开展

全国爱卫会与有关国际组织开展了卓有成效的农村改厕合作项目，一是丰富了农村改厕的工作内容和方法，总结出了“三位一体”同步实施的策略，试点开展了以社区为主导的农村环境全覆盖项目；二是促进了农村改厕相关政策的制定，在农村学校、乡镇卫生院综合开展供水、环境卫生和个人卫生改善项目，关注贫困地区的改厕，探索适宜农村地区、贫困地区、民族地区的推动模式和技术选择，出台了多个技术指南，促进了政策的制定；三是推动改厕的市场化，建立了企业、政府和用户的信息交流机制，沟通了企业参与改厕的渠道，初步形成了用户和市场的良性互动。

所有这些在不同时期开展的国际合作项目都具有很高的科学性和前瞻性，在促进政府政策、标准和指南的制定发挥了很大促进作用，也为国际上开展环境卫生改善工作提供了中国方案，做出了我们的贡献。

厕所革命——重构绿色循环

张　健*

一　常规城市排污模式存在的问题

中国文字中的“米田共”为粪，折射出先人们很早就感知到农业营养物与人粪尿的绿色循环规律，在化肥产业高度发展的当下，粪尿返田仍有很重要的意义。

我们来分析现有的“常规模式”与绿色循环的偏离。

西方城市化过程中逐步形成了当今全球流行的水冲厕所和人居排污模式（参见图1）。两个世纪前自来水的逐步普及使水冲厕的普及成为可能，原有的粪便收集清运系统逐渐无法满足大水量废物的排放，造成住区的卫生条件变差和环境污染。修建下水道，依靠废水的自然流动将废水输走排放成了当时的理想解决方

* 万若（北京）环境工程有限公司董事长。

案。污水排入江河不断引起水体的污染并导致疾病的传播，人们开始实施卫生学意义上的处理污水。直至 20 世纪 70 年代末期，随着地表水日益严重的富营养化，人们开始在污水处理过程中增加脱氮和除磷。即使在西方发达国家，在全面普及污水收集和处理之后，仍然面临着一系列问题，比如：污水管网到了更新换代的时间，污水收集和处理的费用比例大致是 7∶3，也就是是说，污水管网的维护费用越来越高；处理后排出的污水很多情况下仍然无法满足环境水体的要求；污水处理厂的副产物污泥仍然是难以解决的问题。

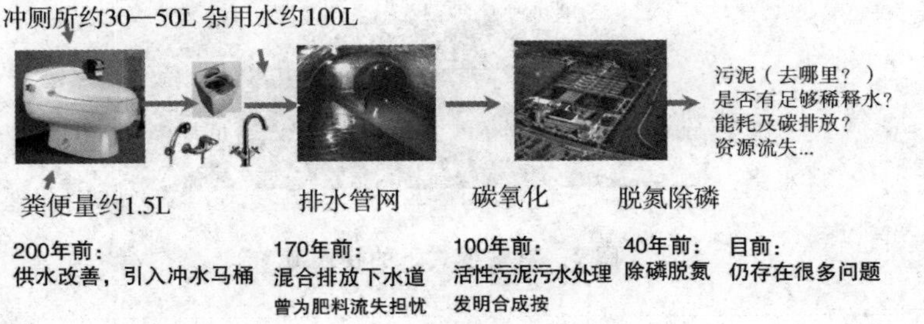

图 1　常规排污模式的形成过程

从时间跨度看，现有的模式是历经一个多世纪而形成的。污水下水道系统有极强的“技术锁定”效应，前人的决策影响后人的决策，而前人在解决当时的问题时由于当时人类知识的局限无法预测后人所面临的问题。也就是说，在既有常规西方模式的形成历史中，人类还没有综合卫生、经济、环境和可持续发展等多重因素进行优化的机会。

常规模式下，食品生产消耗的磷肥、钾肥都是有限的不可再生的资源，氮肥的生产需消耗大量能量，并造成大气、水体污染。这些元素随食品富集于人的排泄物之中，随着污水进入下水道，流入污水处理厂或直接排放至水体（参见图2）。在污水处理厂中，绝大部分的磷和氮积累于污水处理厂的剩余污泥。由于污泥中含有大量其他组分，难以作为肥料回归农田，原有的绿色循环彻底被截断了。土地失去的肥力，只能靠化工肥料来补充。化工肥料组分过于单一，造成土壤退化，过剩的肥料又随地表径流进入江河湖海，成为现阶段水体污染的重要成因。

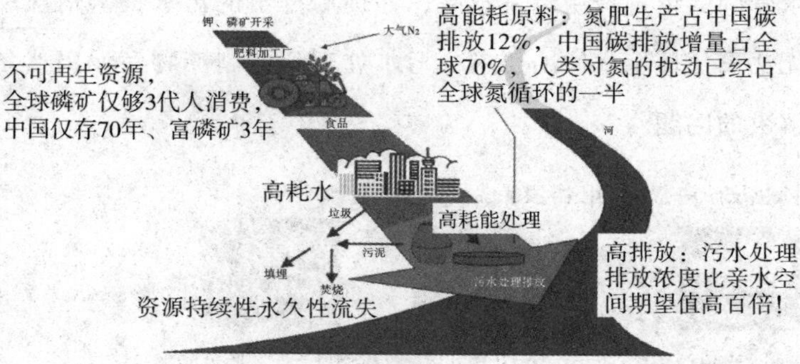
钾、磷矿开采
大气N_2
肥料加工厂
不可再生资源，
全球磷矿仅够3代人消费，
中国仅存70年、富磷矿3年
食品
高能耗原料：氮肥生产占中国碳
排放12%，中国碳排放增量占全
球70%，人类对氮的扰动已经占
全球氮循环的一半
河
高耗水
垃圾
高耗能处理
污泥
填埋
焚烧
资源持续性永久性流失
高排放：污水处理
排放浓度比亲水空
间期望值高百倍！

图2　常规模式下的物质流

这种直肠式消费模式下，不仅农业营养物流失，污水的处理链和排放也存在着一系列问题。污水处理厂除了实现卫生学意义上的污水稳定化（含碳有机物的降解）之外，还需要去除由粪便进入而富集的大量氮磷营养物，其过程是在用能量来攻击能量，用资源来消灭资源。不仅耗资巨大，尤其是在水体容量极为有限的我国，即使最现代的污水处理厂的出水在浓度指标上仍然很难满足水体的水质要求。比如，现代污水处理厂的出水含磷浓度在1mg/L，而对于缓慢流动的水体要想遏制黑丑（富营养化），磷的浓度要控制在接近0.01mg/L，也就是说，污水处理厂的出水要被“干净”的水近百倍地稀释。干净的水哪里来？

表 1　百万人口的排放污水中所含有的有机物（用化学需氧量 COD 表示）以及营养物的排放

污水量	6205 万立方米，相当于北京颐和园 30 个昆明湖
COD_{Cr}量	2.5 万吨
总 N	2.5 千吨，相当于 1 万吨 尿素
总 P	500 吨，相当于 4 千吨重过磷酸钙（磷肥）
总 K	1.2 千吨，相当于 2.4 千吨氯化钾（钾肥）
处理耗能	3102 万千瓦时（相当于 13 万居民用电）
碳排量	16 万吨

二　从污水的组成看厕所革命的生态意义与模式变革

（一）生活污水的组成

如图 3 所示，人的排泄物只占污水总量的约百分之一，但却含有污水中的大部分有机物和绝大部分氮、磷等营养盐。常规模式要用大量的水作为载体来输送排放。那么既然污水要处理，资源要循环，为什么先要大量稀释，然后再去净化呢？

变革这一模式，可以从厕所革命开始。有两种情形，一是已经有了常规下水道和污水处理厂的地方，二是尚缺乏常规基础设施的地方。

（二）已有排水设施城区资源回收厕所的意义

联邦德国在 80 年代的统计显示，污水的集中收集与处理率已经达到96%。污水收集管网和处理设施的费用比为7∶3，也就是说，污水收集的费用远远大于污水处理本身。

排水业界普遍认为，我国在过去的高速发展中，存在重处理、轻收集的问题，污水直排或泄漏较严重，污水处理效果达不

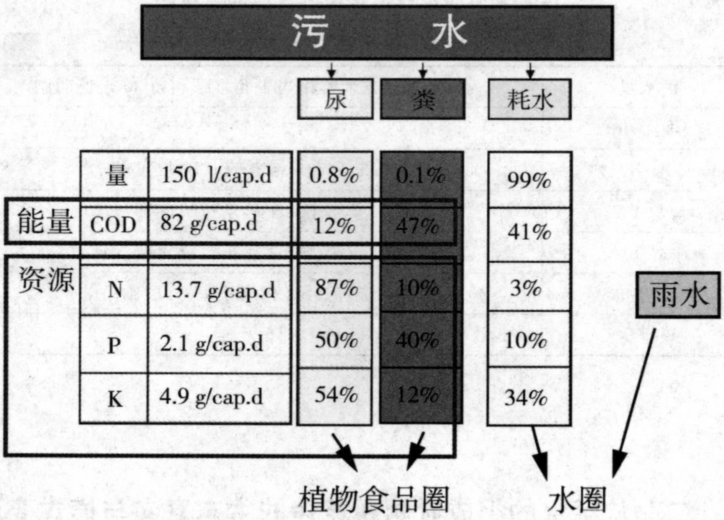

图 3　污水废水组成

到规划设计负荷要求，这种现象尤其在中小城镇中较为普遍。

可能的抓手：

在排污基础设施薄弱的地方，建立源头排污分离的厕所；

在新建和改建的公用厕所实现源头排污分离。由于这些公用厕所有较高的使用频率（人次/厕位），实现资源回收的总量效果与投入的比例也比较高。

除了回收资源外，这些措施对排水和改善水环境有很大作用。有测算显示：如果一个区域有 13% 数量的尿液不排入下水道，那么一个满足一级 B 排放标准的污水处理厂的出水可以实现一级 A 的排放标准水平。

（三）新建住区和建筑的新模式新系统

新建区域，可以从绿色建筑入手，通过厕所废水（黑水）的单独处理和资源利用，剩下的其他生活排水（灰水）已经摆脱

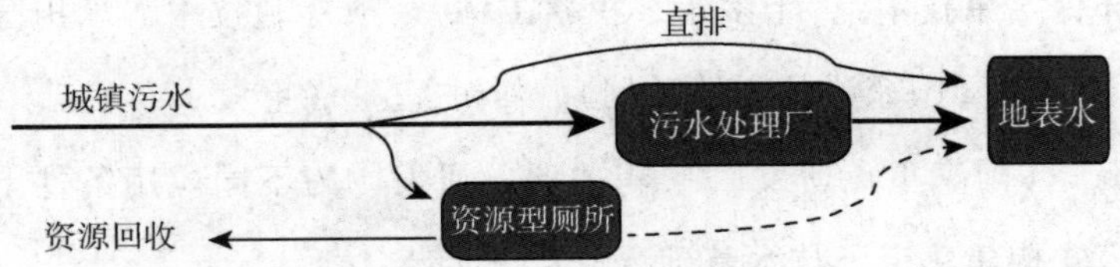

图 4 既有排水设施情形下的新厕所示意

了大部分有机物和绝大部分营养物氮磷的负荷，经低成本的处理可以转换成再生水，变地下市政管网排污为地表景观水。

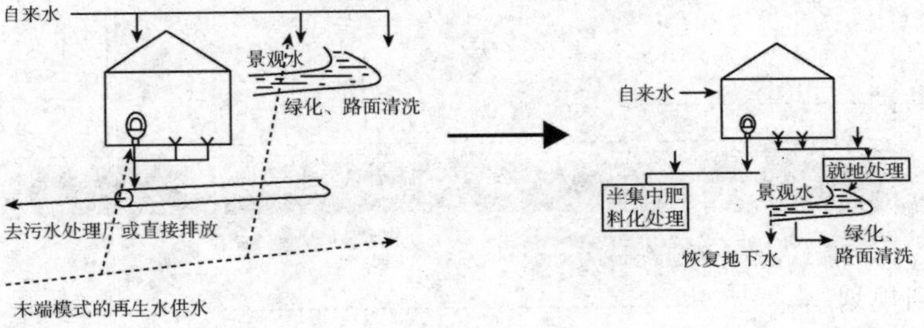

图 5 以资源型厕所为支撑摆脱常规下水道的解决方案

三 实践探索

万若环境致力于以资源回收为导向的排污技术和资源化技术以及相关产品的开发应用。通过核心技术——气冲厕所、负压排水、生物转化以及高效反应工程，寻求用现代科技安全、舒适、可靠地实现绿色循环。

既满足现在如厕的舒适和卫生，同时让厕所排出物具有良好的输送和处理特性，是实现规模化应用的关键。变水冲为气冲，万若环境团队开发的微水气冲厕所早在 2004 年被评为“国家重点环保实用技术”，十多年来积累了70余项专利技术，承担国家“十一五”（国家科技支撑计划）、“十二五”（重大水专项）、“十三五”（国家重点研发）中相关课题研发，为不同应用条件下的新模式构建奠定了技术基础，取得了示范。

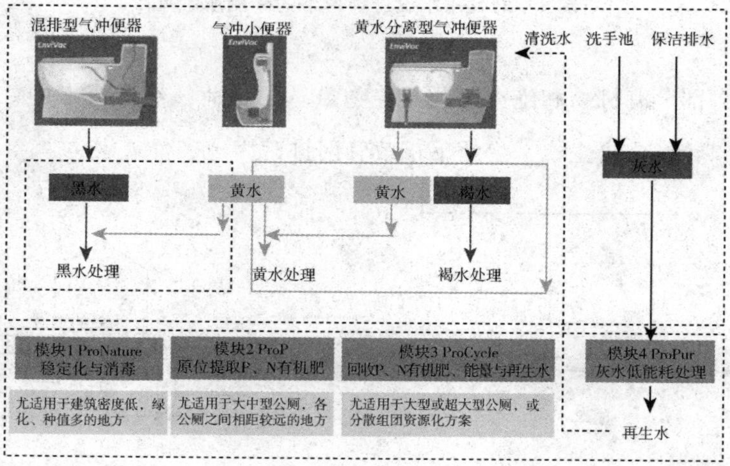

图6　万若环境资源型厕所技术体系

（一）资源型厕所原位解决方案

以超节水、超低能耗、高舒适度以及黄水黑水资源化为特征的原位或者分散组团解决方案获得比尔·盖茨基金会人类重新发明厕所挑战赛大奖，与清华大学合作获得首届全国厕所技术创新大赛“最佳案例奖”“最佳理念奖”。

以公共厕所、建筑为单位实现无环境污染的资源型厕所是可行的，技术在不断提升，应用的可能性越来越广泛。

（二）半集中解决方案

万若环境针对资源浪费、次生污染、特殊环境等目前传统排水难以解决的瓶颈问题，进行了深入研究，并不断技术革新，开

图 7　无下水道原位资源化系统案例

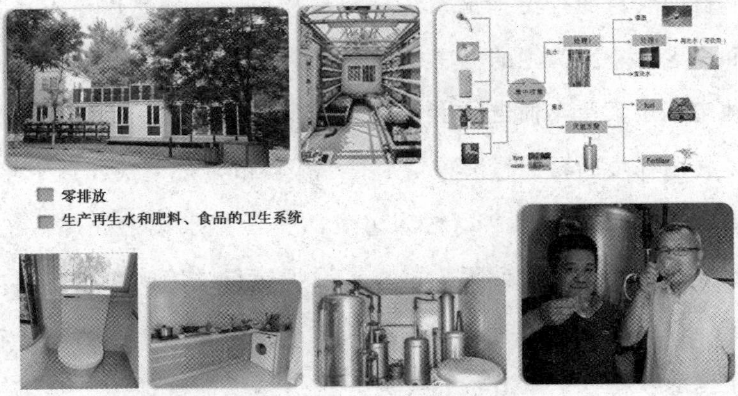

零排放
生产再生水和肥料、食品的卫生系统

图 8　无下水道原位黑水资源化系统示范案例

发应对技术。城市排水污染源是污水，其绝大部分污染负荷来自黑水，而灰水、雨水则是海绵城市的重要源泉。

以改厕为契机，源分离半集中方案运用源分离技术和负压排水技术，从源头上分离黑水、灰水和雨水，在末端进行分类处理，使污水收集率和处理率达到 100%，实现再生水循环利用和

夏季"达沃斯会议"永久会址，总建筑面积13万平方米
满足密集高峰人群对厕所使用需求并实现超节水，解决特型创意空间多层建筑排水问题

图9 大型公建绿建实现超节水负压冲厕和集中收集案例

污废水零排放。

目前农村的排污排水系统有两种情形，一是人均用水量很低和以老人小孩为主的村庄，粪尿和少量的其他废水采用储罐、储池定期用吸粪车抽走。由于总水量很小，这种方法较好地解决了村内环境问题。另一种情形是引入城市常规模式，近十年，中国农村陆续开始建立以村为单位的排污排水集中处理系统。污水处理站建成后大量晒太阳或者维护运行难等问题已有很多报道。仔细分析，没有有效收集屎和尿是问题的根本所在：在低密度的乡村，下水道粗了会成为藏污纳垢的沉淀池，细了又容易被堵塞；污水管道的检查井实际上常常是道路渣土和雨水的收集口；管道施工难度大、跑冒滴漏和地下水渗入也是常见现象。

如何在乡村振兴进程中继续有效收集以户为单位的储罐、储池里的粪尿？如何应对随着农民生活水平不断提高而越来越多引入冲水马桶和洗浴水不断增加的挑战？需要探索新的模式。

2013年，万若环境与河北永年南界河店村一起建立了中国第一个改厕—黑水灰水分质自动负压收集及资源化处理案例，被评为住建部2014年科技示范工程。

随着部分冲水马桶的引入和管网的缺失，村里面临改厕、解决街道污水横流、修建下水道因需要破除和重建硬化地面，污水处理投资高管理难等一系列问题（参见图10）。

图10 原貌

解决方案如下：

(1) 按照村民个性化要求安装厕所于室内，排污以负压为引力，以较少的冲洗水（省水70%），施工简单，放置到位后，细的负压管道靠墙边走出室内与室外管网接驳。

(2) 灰水重力流汇集至室外收集器，在户外绿化带埋地安装。施工简便，只需要接驳进出污管道就可以了。

图 11　气冲厕所入室

图 12　施工避开原有硬化地面，排水管与供水管、
绿化和雨水返渗的施工相结合

（3）应用负压管道分别收集黑水和灰水。解决了村干道为硬化路面，如埋设重力管道需破拆道路，造成工期长、费用高的问题。黑水管道、灰水管道、给水管道等一起施工，节约了施工费，施工对环境扰动小，工期短。

（4）黑水通过生物发酵处理作为有机肥返田。灰水经人工湿地处理后排入蓄水池，用于绿化、灌溉或涵养地下水。

运行状况：

收集及处理设施全部智能化自动运行，无需专职维护人员，管理操作简单易行。本项目施工完成后，对村民进行了操作、维护培训，2013 年 9 月投入运行，至今一直稳定运行。黑水做有机

图 13　黑水灰水负压管道及资源化处理中心

肥使用，灰水出水水质通过简易的人工湿地即使在冬季也可稳定达到污水综合排放标准一级 A。

系统运行直接费用与节水收益大致持平。黑水农用，该村还以黑水利用为契机发展有机农业和有机食品，增加了农民收入。

图 14　黑水收集站附近的有机种植，有机餐馆招待国外污水处理考察团

四　小结

笔者理解，厕所的功能和要求有以下主要内容：

1. 卫生：防止疾病传播

2. 舒适：使用体验好，易于保洁

3. 不污染环境：排放物不污染小环境和大环境

4. 排放物能够作为资源循环再用：资源（营养物）回收，能源利用

5. 系统低碳：控制碳排放，最好为零或者负值，碳足迹高的方案不是好方案

6. 良好社会效益：有跨越行业的共享共赢，有利于创造有意义的就业

7. 经济性及社会化管理：费用可接受，便于社会化管理与监控

在普及卫生舒适的厕所的同时，注重厕所革命的生态意义，将带来人类排污模式的变革，构建可持续的绿色循环系统。

生态型公共厕所系统设计的理念、原则与实践*

刘　新　夏　南**

据世卫组织统计，人一生约有3年时间是在厕所里度过。在当代中国人的观念中，厕所是个藏污纳垢的地方，尽管每天都离不开厕所，但往往避之不及，更是少有设计师会关注与反思厕所的设计。而对于生活而言，厕所是“天大的小事”，它是日常生活的基本配置，是社会文明的象征与标志，更是生态系统的重要一环。

近年来，“厕所革命”成为热词，厕所也史无前例地成了社会关注的焦点之一。习近平总书记曾讲过“小厕所、大民生”，近期又就旅游推进“厕所革命”工作取得的成效作出重要指示，

* 本文刊发于《生态经济》杂志2018年第6期。

** 清华大学美术学院协同创新生态设计中心主任；清华大学美术学院在读博士研究生。

并强调要坚持不懈地推进“厕所革命”。无论城市、乡村、校园还是旅游景区，公共厕所的新建与升级改造已经形成一股热潮。因此，对于为什么要进行厕所革命？厕所建设与循环经济的关系？如何创新公共厕所服务模式？以及公共厕所的设计原则与评估标准等议题，值得设计界深入思考。

一　为什么要“厕所革命”

之所以要进行“厕所革命”，一方面，对于当今的中国城市来说，厕所的数量、分布以及人性化设施远不能满足人们日益增长的需求；另一方面则涉及对厕所设计与建设理念的反思。以我们习以为常的冲水马桶为例，尽管这是人类文明史上最具标志性的发明之一，但这种 18 世纪通过建立城市管网的冲水式排污解决方案，由于淡水资源极度浪费、基础建设投入巨大、污水处理成本极高，以及有机质的损失，已无法真正适应 21 世纪面临的一系列新城市问题——环境恶化、人口激增、资源匮乏……[①]；而对于农村来说，大量欠发达地区的居民还缺乏最基本的卫生设施，无论从基础设施建设成本来说，还是从当地人民生活习惯来说，一味复制都市冲水马桶的方式都值得商榷。在缺乏市政管网的广大乡村地区，尤其是中国北方缺水地区，冲水马桶的迅速推广在“美丽乡村”的建设热潮中将带来严重的环境问题和生态灾难。因此，“厕所革命”的目标，绝不仅仅是厕所设备的更新、

① 张健：《生态排水的理念与实践》，《中国给水排水》2008 年第 2 期。

数量的增加，或亮眼的建筑装修或表面的干净、无味，更是关乎公共卫生与健康、人文关怀、环境保护与资源（粪便）再利用等多方面要素的系统变革，涉及一系列复杂问题的研究和解决[①]。

二 公共厕所的生态设计理念

如何回应这一系列复杂问题，真正为“厕所革命”提出有价值的系统解决方案？首先需要突破简单的技术思维模式，从生态文明建设的高度出发，重新思考中国传统文化留给我们的大智慧。

回顾人类发展历史，东西方关于“如厕”的文化和技术发展脉络有着不同的走向。西方文明，自古便重视技术的改进与器物的发明，水冲清洁方式加上坐便器的改进，可以构成西方厕所的基本演化逻辑，今天使用的冲水马桶便是其成果。从距今 4000 多年前米诺斯文明出现的坐便器雏形，到古罗马时期精致奢华的公共卫生设施，直至 18 世纪英国人约瑟夫·布拉梅（Joseph Bramah）设计的真正具有现代意义的抽水马桶，这些技术与设备的发展，使得西方文明更有效率、更干净彻底地将粪便与污秽用水冲走，远离人们的视线和生活。

而东方文明，对待人与自然的关系与西方截然不同，在对待粪便问题上也有着独特的经验。中国传统文化中的“天人合一”与“物尽其用”等观念，深深影响着人们的日常生活与农业生

① 刘新：《构建健康的公共卫生文化——生态型公共厕所系统创新设计研究》，《装饰》2016 年第 3 期。

产。我们的先辈从西周时就开始探索粪便与土地肥力的关系，战国时已经掌握粪便积肥的技术，汉代晚期的《氾胜之书》中记载：种粟二十粒，美粪一升，合土和之。“美粪”既是掺入了植物梗叶、猪粪尿、人粪尿、饲料残屑等，然后进行充分混合发酵而成的农家肥。所谓“美粪良田”的说法正源于此。直至20世纪中叶，粪肥依旧是中国农民耕种的法宝。随着化学工业的发展，在大规模施用化肥后——尽管对粮食产量的提升起到了巨大作用，但那种土地与人类、乡村与城市之间的天然连接断裂了，城市居民的粪便反而成了城市的巨大负担，不得不建设越来越庞大的污水处理厂，斥巨资将原本宝贵的有机质从相对洁净的杂排水中分离出去。随着城市人口越来越稠密，污水处理的成本不堪重负，农村的土壤却日渐贫瘠，而我们对食物的需求，无论质与量都在不断提升。

20世纪初，美国农业物理学教授，被称为美国土壤物理学之父的富兰克林·H. 金教授在游访中国、日本及朝鲜等东亚国家后，出版《四千年农夫》，探讨了美国在近百年的时间里就面临着地力穷尽的农业危机，而中国历经4000余年的农耕活动，地力依旧肥沃，且养活了数倍于美国的人口。其中一个重要原因，就是东方农民善用人类粪便进行施肥。他认为，这种做法能够保护土壤肥力以及提高作物产量，还可以避免对环境的污染。[①] 百年后的今天，有更多的中外学者，以及有机耕种的实践者，在反思我们对待粪便的态度，试图重新建构“美粪”与“良田”的生态关系。

① ［美］富兰克林·H. 金：《四千年农夫》，程存旺、石嫣译，东方出版社2011年版。

2017 年党的十九大将建设生态文明提升为中华民族的“千年大计”，习近平总书记在十九大报告中指出：“人与自然是生命共同体，人类必须尊重自然、顺应自然、保护自然”。生态文明建设尊重多样性，强调循环经济模式，倡导绿色生活方式与生态文化的建设。这些政策方向与理论思考将成为公共厕所设计所应遵循的基本理念。

三 公共厕所的系统设计研究

设计的职能是通过协调人、物、环境之间关系，创造性地解决问题。生态设计正是借助“设计思维”的方法，遵循“生态文明”的理念，探索自然、经济、社会与文化共赢的系统解决方案。清华大学柳冠中教授提出的“事理学”①，作为一种独特的设计思维方法，有助于我们对公共厕所生态设计的理解，即从仅仅对“物”的设计转向对“事”的设计。长期以来，设计者大多只关注产品或技术的创新。正如公共厕所，设计师只关注洁具样式、建筑风格、标牌形式等“物”的设计，或是技术设备的研发和选型，而忽略人们使用厕所与管理厕所这件“事”的综合诉求。“事”是一个完整的故事，有人物、行为、道具、场景等等要素，讲述一个好故事（做设计）的前提是对目标、人的需求与行为方式、环境条件等限定性要素进行深入研究，而后才是角色设定、情节安排、道具与场景设计，等等。我们以往都太关注

① 柳冠中：《事理学论纲》，中南大学出版社 2007 年版。

“道具与场景”的设计了，而忘了整个故事（系统）是否合情、合理。[①]

正如今天的厕所革命热潮，尽管很多地区的公共卫生状况有了极大改善，但由于一些理解误区和观念滞后，以及缺乏有效的方法和指导，导致了种种问题。有些地方的厕所建设过于追求建筑的豪华与醒目（如“一厕一景”的片面提法），以及对技术不适当的使用（如不顾地区特征和成本限制，盲目使用高技术）等等。所以，作为生态文明建设这个大事件来说，公共厕所是其中的一个环节和道具，理应符合生态设计的大目标。同时，作为人们使用厕所与管理厕所这件“事”来看，公共厕所是为人们提供日常公共服务的场所，理应遵循人性化设计原则和管理效率。这其中有服务、有约束，即回归到公共设施的本质——无言的服务、无声的命令。

因此，要回应“厕所革命”遇到的复杂问题，传统的仅仅关注“物”的创新与设计的方式已经难以奏效，只有从生态设计理念出发，将对人性的关怀与技术、商业相融合，从系统的角度进行整合设计，才能真正推动“厕所革命”的持续发展。

公共厕所，作为自然生态与社会生态链中的一环，涉及物质与能量系统，污染物处理与再利用，以及社区交往与公共卫生建设。公共厕所系统设计的目标，是以“降低环境影响”为前提（更进一步，废弃物处理从无害化到资源化），在有效满足用户如厕的生理与心理基本需求的基础之上，兼具可持续的运营能力；好的设计还可以帮助使用者培养良好的卫生习惯，塑造环保意

① 柚子、刘新：《为什么要重新设计厕所》，《设计》2015 年第 14 期。

识，促进社会和谐，即参与构建一种新型的厕所文化。因此，生态目标、经济目标、社会目标与文化目标共同构成了公共厕所系统设计的目标。

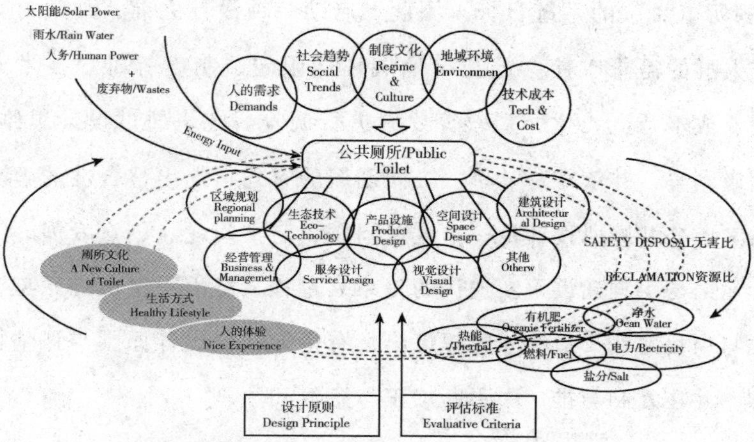

图1　公共厕所系统设计框架

具体来说，在融入以上四个目标的前提下，无论是城市、乡村还是旅游景区公共厕所都应系统思考以下几个方面的内容：1）区域规划——厕所的点位分布、密度、位置等；2）生态技术的应用——粪便、尿液的收集、处理、使用；节水、节能、除臭等技术的合理应用；3）产品设施设计与选型——包括便器（蹲便或坐便）、盥洗池、照明、无障碍设施等等；4）空间设计——根据空间大小，进行功能区域划分、厕位比例分布、动线设计等；5）建筑景观设计——符合公共设施定位以及地域文化特征的建筑和景观设计；6）服务设计——基于用户行为与体验的全流程综合服务设计，如定位厕所位置、卫生用品销售、健康信息提示或医疗增值服务等；7）视觉传达设计——导视系统、风格化的标识、设备使用说明、科普知识、公益宣传等设计；8）经营管理——

日常维护、管理方式与商业模式等等。

上述设计内容，远远超越了某个单一学科的工作范围，如果仅仅以“简单集成”或“技术堆砌”的方式，无法真正实现“厕所革命”的系统目标。因此，启动一项设计之前，必须对特定人群的需求、社会趋势、地域环境限定、制度标准、技术条件、成本乃至文化、宗教等要素进行调查研究，通过设计思维，权衡利弊，并依靠跨学科、协同创新的方式，提出整合性的解决方案。公共厕所设计是一个发现问题、定义问题、创意发展、设计输出与工程建设不断迭代的一系列过程，经由一次次的原型测试与项目实践，最终才能提炼出具有指导性的设计原则与评估标准，并在复制与推广中不断修正与完善。

四　公共厕所的系统设计实验

清华大学美术学院协同创新生态设计中心，于 2015 年成立了厕所研究与设计项目组，目标是针对中国现状，结合国内外先进经验，提出整合性的生态厕所解决方案——将绿色循环技术、生态农业、人性化设施与空间规划、社区营造以及可行的商业模式进行系统整合。除了基础性的厕所技术与文化研究外，近年来与多家企业与基金会合作，进行新型生态型公共厕所的系统设计实践。本文将介绍三个实践案例，分别涉及都市厕所（与北京环卫集团合作，推出的“第五空间公共卫生综合体”）、西部厕所（为西藏地区设计的集成式生态厕所）以及景区厕所（旅游景区模块化第三卫生间与无性别公厕）。尽管这些设计还不完善，但希望能对关注生态设计、关注厕所革命的设计师和建筑师们有所启示和借鉴。

图 2　北京第五空间公共卫生综合体建筑设计

图 3　北京第五空间公共卫生综合体内部空间设计

2016 年，生态设计中心与原本营造建筑事务所合作，为北京环卫集团在通州区的“第五空间”公共卫生综合体进行系统设计。由于地处北京副中心，又是改建厕所，人流量较大，限制性

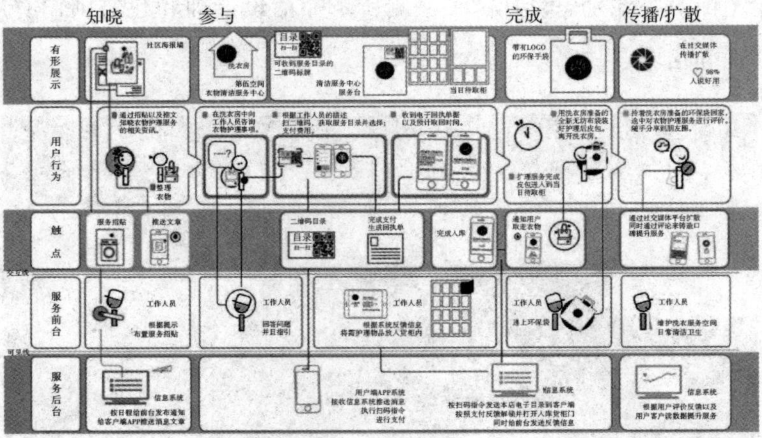

图 4 北京第五空间公共卫生综合体服务蓝图（洗衣服务部分）

要素繁多。设计初期，团队做了大量现场观察、统计、访谈及视频记录等工作。本着生态化与人性化的设计原则，发现痛点，洞察需求，最终提出了整合性设计方案。

该项目将人性化的如厕空间、商业服务、社区服务、环卫工人休息、管理员居住，以及城市废旧资源回收等功能整合在一起；并根据实际情况，将部分污染物进行资源化处理（尿液收集、转运、静置腐熟、有机种植）；模数化的建筑与空间设计，在保证功能性要求的同时，也可以根据不同环境进行适应性调整；建筑风格简约现代，既具有公共建筑的识别性又不突兀，能够有机融入城市环境；厕所内部设计对功能性区域分布、残疾人如厕、采光、绿植墙以及视觉传达都有细心的思考和设计。

该项目突破了传统对于公共厕所的定义，将部分社区功能与商业服务融入其中，创造出新型的城市公共卫生综合体。在寸土寸金的都市空间中，第五空间的设计实验，对于未来城市公共厕所建设提供了新的思路，无论在无害化处理、人性化设计、社区参与、增值服务等多个方面都具有重要的示范意义。

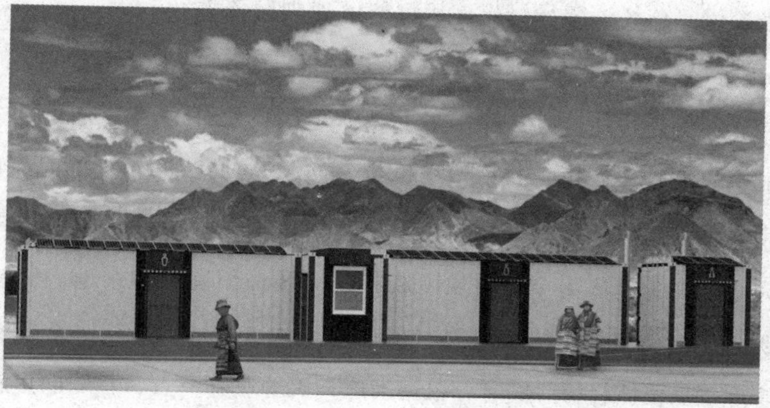

图5　西藏索县集成式生态厕所设计（外观）

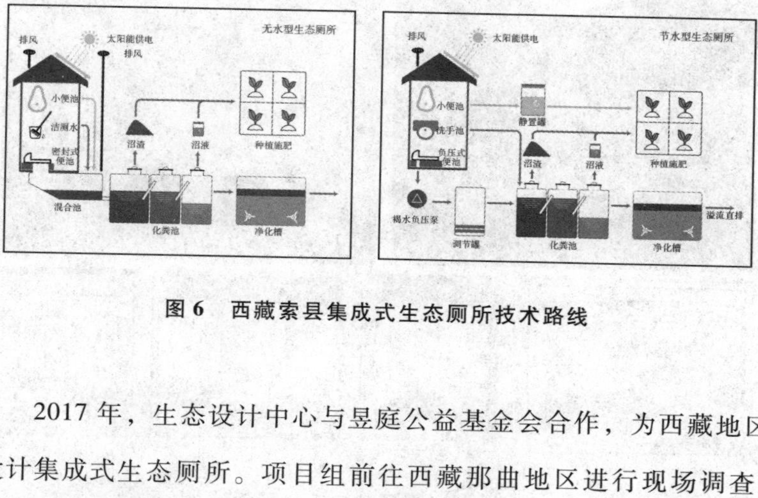

图6　西藏索县集成式生态厕所技术路线

2017年，生态设计中心与昱庭公益基金会合作，为西藏地区设计集成式生态厕所。项目组前往西藏那曲地区进行现场调查，在北京西藏中学与藏族同学进行访谈，对藏区的文化习俗、服饰特点、如厕方式以及环境条件等等限定性要素做了深入调查研究，最终提出了系统解决方案。

针对藏族地区生态环境脆弱以及严重缺水等特点，项目组选择了生物发泡节水厕所和无水型旱厕两种技术。两款厕所都采用了粪尿分集方式，并配有资源化处理装置，输出液肥和粪肥，用于果树、草场、园林绿化，尽可能做到粪尿资源化利用。厕所采用模块化的集装箱建筑形式，便于根据不同环境做适应性调整，并能够实现快速装配；除了男女厕所基本模块外，还增加了第三卫生间和管理模块，其中包括设备空间、管理员休息空间以及便民商亭。厕所的建筑外观与色彩设计力求单纯、简洁，黑白色调为主，白色基底为今后增加民族特色的装饰图案留有余地。该厕所内部多使用新型抗菌材料，保证卫生洁净的同时，让日常维护管理更加便捷轻松。同时，根据当地人衣着服饰特点，在厕间里新增了饰品台、衣摆支架等细节设计。目前该厕所正在深化设计中。

图7　旅游景区第三卫生间设计

中国地域辽阔，旅游资源极为丰富，但不同景区环境条件差异巨大。旅游是一个国家或一个地区的窗口，厕所则是当地文明程度的象征。而对老年人、残疾人、妇女儿童等特殊人群如厕需求的关注，更是体现地方旅游部门的人文素质与管理水平。然

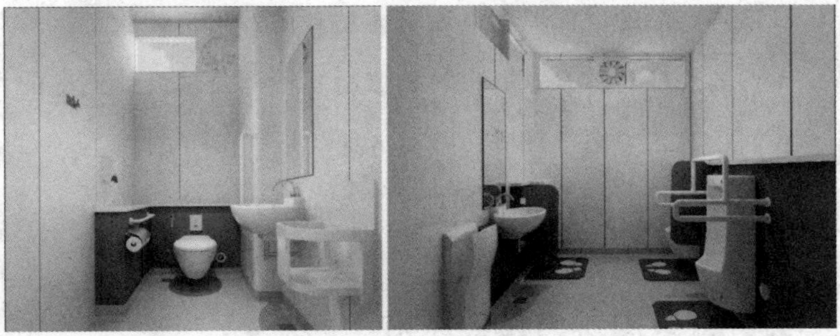

图 8 旅游景区无性别公厕以及小便间设计

而，由于这类“第三卫生间”技术集成度很高，对无障碍设施、母婴产品、空间尺度、辅助提示等人性化设计有诸多特殊要求，很多景区难以达到建设标准。因此，生态设计中心与昱庭公益基金会合作，决定设计一款标准化的第三卫生间，为旅游景区提供集成的解决方案。

该产品采用模块化设计，可以根据放置地点的空间限制与景区特色，进行尺度大小、设备档次以及外观涂装和图案的调整。由于采用了集装箱建筑形式，内部所有设备均在工厂内预制完成，可以保证产品质量。并且产品可直接运输吊装，大大节约了安装时间和各项工程配套等复杂工序。采用生物发泡节水技术，以配合未来的资源化处理。粪便污物可以根据现场条件，排入现有管网或收集、处理设备，也可以自带处理设备。内部空间和建筑细节都做了精心的设计，如防滑、清洁、标识、背景音乐等等方面；结合自动感应技术，厕所内的照明、通风等设施可实现自动控制，既可以保证采光、通风与节能要求，又充分考虑了不同类型使用者的需求。考虑到旅游景区的需求多样性和复杂状况，该产品可配套无性别公厕模块和男性小便间模块。

该系列产品的设计理念是追求体贴入微的用户体验，以及对特殊人群的关怀和善意。形式的酷炫始终不是公共设计追求的目标，我们相信，方便、舒适和感动本身就是“美”的。

五 公共厕所的设计原则

基于上述的理论研究与项目实验，项目组经过不断摸索，提出了公共厕所的设计原则。这些原则秉承着生态设计的基本理念，在不同语境、不同场景中有适当修正和调整，并在未来实践中不断完善：

1. 系统设计：避免单一化的产品设计或技术创新思路，从“事”的角度思考设计问题。兼顾厕所的内部系统（建筑、空间、设施、标识等）与外部系统（景观、社区、市政管网、农场等）的关系；完整考虑废弃物收集、处理与使用的循环系统。

2. 功能合理：根据不同地区、不同人群特征和行为习惯，进行功能定位。保证必要的功能空间和设施，避免过度设计，兼具适应性。

3. 技术适当：减量化、无害化与资源化是废弃物处理技术选择的基本逻辑。根据环境条件与建设成本，选择适当的技术。不执着于高技术或低技术。

4. 人性化设计：满足人的生理和心理需求，重视人性化设施的配置，关注特殊人群的需求。基于公共设施的设计思想与健康、环保的考量，兼顾“服务”与“管理”职能，不可一味迁就“用户需求”。

5. 服务导向设计：从使用者、维护者和管理者多角度进行思考，在完整交互流程上发现痛点，提供适合的软件与硬件服务。如找厕所、等候、如厕、清洁、补妆、婴幼儿护理等环节，以及其他增值服务。

6. 品质与美学：品质是对细节的观照；美是一种和谐，与环境、文化、需求、情感的呼应。尤其对文化场所与景区，在建筑、景观与内装设计中应考虑区域特色与差异化设计。

7. 运营可持续：保证良好的、可持续的商业运营模式。如废弃物资源化盈利、广告设施、物品售卖以及其他增值服务。

六 结语

厕所革命的热潮方兴未艾，这既是好事，又不免让人充满忧虑。为了减少政绩冲动型的突击建设，以及在盲目试错中可能对生态环境造成的影响，迫切需要我们从中国传统的智慧中汲取营养，从生态文明的维度上规划战略方向，借助设计思维的系统方法，深入探索公共厕所的生态设计之道。

作为一种重要的公共设施，公共厕所应被视作一个集合了多学科知识的复杂系统、一个根据当地环境、社会、经济、文化需求而搭建的社区中心，为不同利益相关人都带来便利和美好的体验。好的厕所设计，不仅可以解决生活、生态问题，还能促进社区间及社区内的关系、信息和资源的交换与共享，提供商品服务，并有可能带来更多商机。厕所设计关乎生态文明的建设、社会的可持续性发展以及更美好的生活愿景。“厕所革命”迫切需要更多年轻设计师、建筑师的关注与投入。

致谢：相关研究成果源自清华大学美术学院协同创新生态设计中心的全体老师和同学的共同努力。包括武洲、钟芳、王海军、夏南、梁骥、郗小超、王昕馨、常帅、朱思维、王渤森等；感谢昱庭基金会的大力支持；感谢北京市环卫集团和“原本营造”建筑设计事务所的支持与合作。

基金项目：国家水体污染控制与治理科技重大专项（2017ZX07103－006）；北京市科技重大项目：“环卫综合系统服务设计研究及示范”（Z171100005017005）；清华大学自主科研项目：“适应中国语境的可持续设计评估体系研究及教学工具研发”（2015THZWZD08）。

参考文献：

1. Bill & Melinda Gates Foundation，Reinvent the Toilet Challenge，https：//www.gatesfoundation.org/What-We-Do/Global-Growth-and-Opportunity/Water-Sanitation-and-Hygiene/Reinvent-the-Toilet-Challenge.
2. ［美］富兰克林·H. 金：《四千年农夫》，程存旺、石嫣译，东方出版社2011年版。
3. 顾卓：《厕所里的文明》，《中华遗产》2014年第1期。
4. 国家旅游局：《厕所革命：管理与服务导则》，2017年5月。
5. ［英］乔治：《厕所决定健康》，吴文忠、李丹莉译，中信出版社2009年版。
6. Kevin J. Gaston，*Urban Ecology*，UK：Cambridge University Press，2010：201－211.
7. 柳冠中：《事理学论纲》，中南大学出版社2007年版。
8. 刘新：《生态厕所：社会转型中的设计实验》，《人民日报》2017年12月

10 日刊。

9. 刘新、朱琳、夏南：《构建健康的公共卫生文化——生态型公共厕所系统创新设计研究》，《装饰》2016 年第 3 期。

10. 刘新：《无言的服务，无声的命令——公共设施系统设计》，《北京规划建设》2006 年第 3 期。

11. Shikun Cheng, Zifu Li, et al., *Toilet revolution in China*, Journal of Environmental Management, 2017, 3.

12. Vezzoli C., Kohtala C., Srinivasan A., et al., *Product-Service System Design for Sustainability*, UK, Sheffield: Greenleaf Publishing, 2014.

13. 俞锡弟、郭甜甜：《公共厕所设计要点分析》，《环境卫生工程》2012 年第 4 期。

14. 张健：《生态排水的理念与实践》，《中国给水排水》2008 年第 2 期。

厕所的“4G”时代

——从技术维度观察厕所革命

吴　昊*

人类文明的进步，究其根源是离不开技术进步的支撑基础的。在《人类简史》的叙述中，智人每一次社会巨大的飞跃或变革，无不依赖着技术的进步和积累。如：没有种植技术就没有农耕文明，没有蒸汽机的发明就没有工业文明，没有电脑、网络的出现就没有信息时代的来临。伴随人类数千年的厕所在技术范式上也走过了几个不同的阶段。

通信技术即将迎来5G时代，每一次升级换代都意味着技术和标准的飞跃。那么厕所有没有自己的“1G”到“5G”呢？现在的各种厕所技术相当于几“G”呢？本文尝试从技术维度对厕所的进步和变革进行分析和预测。

厕所是个供人类便溺的场所，虽说厕所被赋予了卫生、文

* 北京蓝洁士科技发展有限公司董事长、总经理。

明、景观、地域名片、商业开发等各方面的意义，其基本的功能不可否认仍是供人便溺。在基本功能上，我们走过的路其实并不算多。

一 厕所技术的"物种"进化简史

如果我们在过往的历史长河中寻找一件最称得上是厕所革命的事件，那一定是水冲厕所的发明。没有水冲厕所，我们今天的厕所就不可能在卧榻之旁、浴室之侧、厨房之邻，就不可能随时享受近在咫尺的卫生如厕体验。水冲厕所的发明，将厕所带入了卫生时代。

如果再寻找一次过往的厕所变革，那应当就是厕所的出现，也就是所谓的旱厕了。旱厕看似毫无技术含量，其中最大的飞跃是男女之间的那道隔墙。这看似不需要什么创造性的技术，但这标志着人类在这种私密的事情上开始有了性别禁忌，厕所从此进入了性别文明阶段。就像《圣经》中亚当夏娃吃了禁果，从此有了羞耻感，开始遮挡下体。如果说能够制造工具是人兽的分水岭，那么有了男女隔墙的厕所应当也是人兽分野的标志性事件。

当然，在出现厕所之前人类像其他动物一样，也需要便溺，而且也不是毫无讲究。猫便溺后都懂得要盖上猫砂。人类在穴居时代，出于安全的需要，为了避免猛兽循着气味找到自己，往往会将便溺位置设在洞穴的下风口。

如果将这种最原始的便溺场景定义为厕所技术的"1G"时代，将男女隔开的旱厕定义为厕所技术的"2G"时代，那么水冲厕所显然就是厕所技术的“3G”时代。我们当下所经历的厕所革命，按照习总书记“努力补齐这块影响群众生活品质的短板”的提法，应当是扫清“3G”水冲厕所未曾覆盖到的盲区，并开启“4G”厕所技术的试点。

可是普及水冲厕所谈何容易。英国人哈灵顿发明水冲厕所是四百多年前的事情，伦敦人民普遍用上水冲厕所则是一百多年前的事情，这中间隔了三百多年，是因为二百五十多年前才发明了马桶的U形反水弯和水箱的球形阀门，一百六十多年前才在英国诞生了世界第一座冲水马桶式公共厕所，一百三十多年前才发明了陶瓷马桶并实现量产，在此基础上伦敦城才下决心统一修建了下水道系统。北京人民普遍用上水冲厕所只是几十年前的事情。现在全国各线城市普遍用上了水冲厕所，但在广大的农村，尤其是大江大河的上游水源地，还普遍没有用上水冲厕所。那是因为水冲厕所不仅需要上下水道，还需要污水处理系统，还需要在厕所下面修建化粪池。这在人口密度低、人均GDP低、地形复杂的地区是难以承受的。

我国的广大农村普遍没有下水道，更没有普及三格化粪池。不过我们农村厕改实践中所采用的小三格厕所、双瓮漏斗厕所、三联通沼气厕所、双坑厕所和粪尿分集厕所不仅能够部分解决农村水厕入户问题，还能部分解决粪尿资源化利用的问题，这些比纯旱厕卫生效果强，却又达不到水冲厕所的卫生效果和最终的污水处理效果的技术，应当算是厕所的“2.5G”版本，或相当于通信领域的“小灵通”吧。

“3G”水冲厕所技术能在广大农村普及吗？下水道能修到广大农村的各个角落吗？这涉及了三个问题：一、水资源能否满足厕所用水量。如果全国人民都用上水冲厕所，按照16亿人每人每天6人次大小便，冲洗每人次大小便用水6升计算，每年的耗水量跟黄河的径流量相当。中国是个缺水国家，尤其是人均水资源更是严重落后于世界平均值，对于有限的水资源应善加利用；二、冲厕后大量的水资源转瞬变成了待处理的污水。当只有极少数人用水冲厕的时候，我们可以依赖自然界的水土自净机制去消化水冲厕所对环境的影响。但当用水冲厕的人多到一定程度的时候，其污染的速度超出了环境自恢复的承载能力，就不得不依赖于专业的污水处理厂了。而污水经污水处理厂处理后，大部分只是处理成指标相对好的污水、废气、污泥，不能做到完全达标排放。污水处理厂是一种规模越大处理成本越低的存在，在人口稀少的县乡村落修建污水处理厂，其修建、运营、维护成本是很沉重的，这正是此前没能很好地解决农村厕所卫生问题的原因。说到底水冲厕所及其处理系统也是一种先污染后治理的范式，全面推广水冲厕所对于水环境和污水处理能力来说显然都是不可持续的；三、中国持续了数千年的粪尿还田的农耕理念即将彻底根绝。我们当下主流的观点认为人粪尿不适合还田，体现在相关的有机肥国家标准规定了有机肥只能采用畜禽粪便，不能采用人粪尿，这种观点是随着水冲厕所和上下水管道一起从西方引入的。

认为人粪尿不适合还田的理由主要有以下三点：一、人粪尿没有营养。不是因为人类吃的食品没有营养，也不是人类的肠道消化吸收能力太强导致便溺物没有营养，更不是因为人类的便溺物比起畜禽粪便难以被植物吸收利用，而是因为人类的便溺物经厕所水冲，在化粪池中被稀释、分解、溶解带走了绝大部分可溶物质；二、人粪尿重金属超标。不是因为人类摄取的重金属比畜禽更多，而是因为我们的粪尿在厕所管道内壁、化粪池的防水层接触了太多的防锈漆、沥青、废旧电池和妇女卸妆时卸下的铅、汞，重金属物质往往不易溶解，就聚集在化粪池的粪渣里。三、人粪尿有害微生物种植农作物会危害人类自身，畜禽粪便种植农作物因跨物种而对人类危害较小。尤其是传统的堆肥工艺是能够高温杀死粪便中绝大部分的微生物的，而水冲厕所没有这一灭菌过程。这也是采用水冲厕所带来的负面效应。

可见人粪尿不是不适合还田，而是水冲厕所化粪池的粪渣不适合还田，是从城市粪便消纳站运送出来的人类粪便不适合还田。事实上，畜禽粪便还有着人类粪便所没有的抗生素超标、激素超标的问题。用畜禽粪便做有机肥会影响食品安全。

数十年前，大部分中国人还处于厕所技术的“2G”时代，那时候的“粪”字还写成米田共“糞”，那时的粪是要还田的，那时候的粪便是能卖钱的，对于粪便还田是有着一整套规矩的，甚至那时候还有粪霸。不是怀念那个时代，那个时代的厕所肯定是不卫生的，但那时候五谷轮回式的物质循环模式却是环境上可持续的。

水冲厕所的粪便不适合还田，不上水冲厕所难以“补齐这块影响群众生活品质的短板”，普遍上水冲厕所又会面临水资源和水污染问题。厕所革命路在何方？“3G”的水冲厕所技术卫生却不环保，“2G”的旱厕环保却不卫生。有没有一种既卫生又环保的“4G”厕所技术呢？

答案是肯定的。如果不考虑价格成本，航天器上的厕所就能够同时解决卫生和环保的问题，这种技术采用高能耗，将粪尿中的水分分离出来供宇航员维持生命循环使用，其余的化为灰烬。

但这种技术价格贵到几千万美金，没有在普通场景应用的可能性。市场上现有的技术远未达到成熟阶段，有的技术价格居高不下。我们此刻站在了普及厕所"3G"技术的尾声，以及开启厕所"4G"技术的前夕时代。

二 "4G"厕所的原始土著物种们

在20世纪末黄金周经济和涉外旅游经济的萌芽时代，满目旱厕的景区迎来了中外带着消费者意识的对厕所挑剔的游客。上下水设施是景区的短板和痛点，很多景区不可能解决这些问题。于是打包袋厕所、发泡厕所、微生物厕所纷纷出现在了国内市场上。这些技术有些现在仍在使用，它们往往有很好听的名字，如：环保厕所、生态厕所、移动厕所。其实它们共同的特征就是无上下水道的厕所。由于新技术对于安装空间的要求与传统技术不同，且多种多样，固定建筑难以满足，因而纷纷做成了轻型房体的建筑形式。

这些新厕所技术在国家标准体系里被称之为"免水冲厕所"或"活动厕所"，区别于水冲厕所、传统旱厕以及固定建筑厕所。

这些新的厕所技术大都来自国外，而且在国外大都没有发展起来。例如：打包袋厕所来自美国的一个过期专利；发泡厕所来自韩国，而在韩国已很难寻到；微生物厕所来自日本，日本用的也不多。这些环保厕所是否环保呢？这些生态厕所是否生态呢？这些新技术的厕所是否卫生呢？

打包袋厕所每人次需要消耗一截几十厘米长的塑料袋，合人民币几毛钱。塑料袋降解周期长达几百年，即使是所谓的可降解塑料，其可降解的成分只占百分之十几。粪尿被打包后，继续着恶臭的厌氧反应，塑料袋包裹得住粪尿但包裹不住恶臭气体。清运塑料袋包裹的粪尿离不开人手，这是件劳动强度很大的事。总之使用起来综合成本很高，环境成本也很高，据说九寨沟景区用的就是打包袋厕所，他们将塑料袋包裹的粪尿全部运出景区，在景区外将塑料袋破碎，再用水流将塑料袋与粪便分离，塑料袋运到填埋场填埋，粪尿流入污水管网。并未实现节约用水，只是没有用景区内的水并且没有向景区内排污，用景区外的代价取代了景区内的代价而已，每人次便溺的综合处理费用据说高达几元钱。

发泡厕所因靠泡沫封堵臭气和视线而得名。严格地说，发泡厕所跟“免水冲卫生厕所”的名字有些不符，因为调制发泡液需要消耗少量的水。粪尿和发泡液混合后，既影响了粪便腐熟又没有将其无害化，也就很难谈到环保，无非是解决了没有上下水的问题。再就是当夜间无人使用时，如果停止工作就会很臭，如果不停止工作就会不断消耗耗材。

微生物厕所分为干湿两种。干式的微生物厕所是用锯末树叶等植物碎屑作为菌床，将粪尿进行搅拌耗氧处理。便器本身是个洞口，向下能够看见蠕动的植物碎屑和若隐若现的粪便。用微负压排风技术能够将臭味及时排到室外，但视线上的感觉并不舒服。湿式微生物厕所相当于将一个小型的污水处理厂放置到了厕所里面，厕所排污是它的进料，厕所的冲洗用水是它的出料，水在里面无限循环。这种厕所往往被冠以“零排放厕所”的称号，实际上排放物不可能都变成了气体，至少金属离子就不可能以气态形式逃逸，这些盐分会在水体里浓度越来越高，直至不得不换水或换植物碎屑。这两种微生物厕所的共同特征是，消纳速度有限，日处理人次有上限。为了保证微生物代谢所需的温度，往往能耗过高，尤其不适应寒冷地区，长期停电后恢复使用往往会造成较大的成本。

免水可冲洗厕所技术是国内原创的技术，因为可以实现冲洗与“免水冲”的名字也多少有些矛盾。这种技术是通过将收集的新鲜小便液除臭、杀菌、着色、消泡、阻垢处理后形成冲洗液，在自动识别有大便的时候，对大便进行冲洗、粉碎、除臭，将其打成浆状流体，从而实现免水可冲洗的效果。该技术由自动固液分离、自动大小便识别、尿液除臭和超节水冲洗四部分技术有机结合而成，当小便次数比大便次数大于 2∶1 的时候，就能实现不依赖外部水源。这种技术能耗较小，能够适应使用人数符合极大、极小、骤变、停电、停用等各种使用情景。

所有这些中国本土上自然涌现的土著和外来物种们，与真正的厕所“4G”还有一段距离，却也为中国的厕所革命立下了汗马功劳。权作是厕所“3.5G”吧。

三　盖茨基金会的厕所物种们

2011 年比尔及梅琳达·盖茨基金会（以下简称“盖茨基金会”）开始关注厕所技术领域，他们是从关注贫困地区因厕所卫生问题引发的疾病问题和儿童早夭问题开始的。他们认为在这些地区，没有很好的排水系统和污水处理系统，甚至没有足够的水源。他们所关注的地区广泛分布在非洲和印度，其实我国的江河上游乃至水源地也何尝不是这样，而且相比而言还多了个高寒高海拔的建设难度。

2012年盖茨基金会在美国常春藤院校征集厕所技术解决方案，一时间各种新奇的脑洞大开的厕所新技术方案纷纷涌现出来。后来征集范围扩大到了全国、全球，2013年来到了中国。中国一些相关的高等院校和卫浴企业也对此进行了支持或参与，一些国内的企业参与了厕所大赛，还有些企业参与了技术产品化落地。盖茨基金会对厕所技术提出的要求是：不依赖下水、不依赖上水、不依赖电力、卫生清洁、无害化排放或资源化处置、人均日使用成本不超过5美分。在此基础上，要求技术方案的提供者要签署一份有关知识产权的声明。

几年过去了，盖茨基金会的新技术们时不时会在社交媒体上露个脸，但始终没在市场上大量出现过。究其原因，大都在研发阶段，既不成熟，也不能量产，更不能廉价买到。这表明盖茨基金会对新技术的要求还是很严谨的，有标准的。这些注入了大量先进科技DNA的神兽级新厕所物种不进化到适应市场的程度，不会被轻易释放出来。

在2016年，基于相似的技术理念需求，国家旅游局和盖茨基金会联合举办了第一届全国厕所技术创新大赛，设置了十个最佳案例奖和十个最佳理念奖。这对国内现有的技术类厂商造成了两个门槛，一个门槛是要达到盖茨基金会设定的标准，尤其是卫生条款和环保条款，再一个门槛就是要具备自主的知识产权。

大赛评审组织机构的选择、评委筛选的标准、评选打分标准、现场考察的严苛程度都是空前的。大赛评审由全国城镇环境卫生技术标准化委员会负责组织，聘请了包括盖茨基金会在国内的技术支持方在内的国内顶尖专家组成的团队，制定了专门的量化的打分表，在50多个参赛方案中初选出37个方案，再由经验资深的专家对它们进行点对点的实地验证确认。最终选出了十个最佳案例奖和八个最佳理念奖。十个最佳案例奖中至少有两个是曾经在盖茨基金会之前的选拔中获得过奖项或支持的，属于传说中的神兽级厕所技术。与此同时，一些国内原创技术也同时通过了大赛评委严苛的评比。

此次大赛后，北京科大团队据此为国家旅游局编制了《厕所革命：技术与设备指南》（下称《设备指南》）。《设备指南》收录了大赛九个获奖企业的八种产品，将其分为四个大类，分别是：循环水冲厕所（包括宜兴艾科森生态环卫设备有限公司的“多级生化组合电催化氧化厕所技术”、苏州克莱尔环保科技有限公司的“膜生物反应器（MBR）厕所技术”）、微水冲厕所（包括大连市金州金水清洁设备厂的“以复合生物反应技术为核心的微水冲厕所技术”、万若（北京）环境工程技术有限公司的“真空气冲厕所技术”）、无水冲卫生厕所（包括湖南海尚环境生物科技股份有限公司的“无水冲机械源分离厕所技术”、江苏华虹新能源有限公司的“源分离型微生物厕所技术”、北京蓝洁士科技发展有限公司的“免水可冲厕所技术”）、可生物降解的泡沫冲洗厕所（昆明惠云夜光工程有限责任公司和上海森禾环保科技有限公司同时获此奖项）。这些技术为了达到大赛的要求，或多或少在原基础上做出了相应的调整，同时也得到了促进和提高。

《设备指南》的出现对国内无序的厕所新技术竞争局面具有一定的指导意义。例如：众所周知的泡沫厕所要加上可生物降解的功能才符合环保的理念。《设备指南》还没有被广泛认知，从顶层往基层传导需要过程。

我们应能同时看到的是，这些本土产品虽然比盖茨基金会的技术便宜，但大都是为公厕的使用场景设计的，其价格能够为旅游景区所接受，但大规模进入农村，尤其是进入户厕领域，有的是太贵，有的技术经过方案和处理工艺的节略价格是降下来了，但使用体验也降下来了，与“补齐这块影响群众生活品质的短板”的要求仍有较大差距。

在推广不同技术的时候，就决定着要采取不同的基础设施配套及物质循环范式。这绝对不是件小事，就相当于在水冲厕所技术还不成熟的四百年前就规模性的建设上下水管网，错误的决策会导致巨大的失误。在这方面，盖茨基金会在技术上积极研发储备，在市场上谨慎小心，在标准上严格论证的做法是值得学习的。

四 ISO 30500《无下水道厕所》标准对于未来厕所物种的描述

盖茨基金会在2016年又启动了为“4G”厕所建设标准的项目。他们通过影响ANSI（美国国家标准学会）来推动并资助ISO（国际标准化组织）成立了PC 305工作委员会，专门负责制定ISO 30500《Sustainable non-sewered sanitation systems》（即《可持续无下水道卫生设施系统》）国际标准。第一次会议于2016年10月24日在美国首都华盛顿召开。

我国国家标准化管理委员会（SAC）非常重视这个项目，从2017年开始参与该标准的制定和谈判。参加过2017年9月底柏林的会议，主持召开过2018年3月底上海的会议，并将派员参加2018年5月在加德满都的会议。

与国内很多产品标准不同的是，《可持续无下水道卫生设施系统》是个性能标准，没有规定或描述任何一种厕所技术的特征。这套标准根据收集到的很多类型的技术，将他们抽象成“前端”＋“后端”的概念。“前端”即与使用者接触的便器部分，“后端”即便溺物的处理贮存部分。水冲厕所技术就是一种“前端”与“后端”分离的技术，因而需要排水系统，而无排水系统的厕所是一种“前端”和“后端”极其接近甚至是一体的技术。该标准规定了无下水道厕所必须是一种标准化的量产的产品，而不是一种工艺或工程。

该标准的讨论稿中译本长达91页，很有“包容性”，各种不同的技术在里面都能找到对自己的限制条款。标准对“前端”的便器提出了视觉卫生的要求，规定了使用者不应看到前面使用者的粪便。对冲洗效果也做了明确的规定，分为传统冲洗机制、水冲、干冲和新型冲洗机制等几种不同形式。甚至对于焚烧型的厕所技术做了PM2.5排放指标的限制规定。标准对于厕所“后端”也规定了排放无害化或资源化的标准。对于排放的固、液、气和噪声都做了相应的规定。标准对于整套系统的能耗、生命周期、经济性也做了说明。附件里对于每项测试指标几乎都能找到相应的测试方法。

ISO 30500的标准修订意见征集程序已经于2018年4月13日截止，将会在5月份的加德满都会议后，于2018年底颁布生效。

相应的国家标准的制定工作据说很快会开始，最早将于2019年颁布生效。一般来说，一个国家面对一个国际标准在制定相应的国家标准时通常有三个选项：一、互认；二、在原标准基础上，做些必要的修订；三、另起炉灶。

原国家旅游局为旅游系统采购、建设、管理无下水道厕所技术制定的《旅游环保厕所指南》行业标准也即将颁布。经专家合议，参照国际标准化组织即将颁布的ISO 30500《可持续无下水道卫生设施系统》国际标准，此《旅游环保厕所指南》标准更名为《可持续无下水道旅游厕所基本要求》（以下称《基本要求》）更为妥当。《基本要求》是个性能标准，没有涉及任何一种具体的技术方案，可以看作是个结合国内现状的旅游行业缩略版本的ISO 30500《可持续无下水道卫生设施系统》标准。《基本要求》是《旅游厕所质量等级的划分与评定》的有机补充，它对市场上现有的环保厕所技术加入了一些必要的限制，但同时也让行业内优秀的产品技术较容易提升到达标水平。它的诞生将进一步规范旅游环保厕所的行业秩序，提升旅游环保厕所行业的技术工艺水平。对于即将颁布的ISO 30500《可持续无下水道卫生设施系统》的国际标准和即将编制的相应的国家标准而言，这个行标是个先知先觉的标准。

五 厕所“4G”未来的瞻望和眼前“3G”的困惑

按照ISO 30500的描述，未来的无下水道厕所应当是一种稳定可靠的设备而非工程，能够很容易地安装在配套的建筑物里，也很容易维修。它可能是冲洗的，也许不需要冲洗，但一定是无味的，视觉也应当是卫生的（即正常使用时不应看到之前使用者的粪便），菌值不超标的，排放无害化，或可资源化利用从而不需要下水管道。

“环保厕所”可以进入住宅居室，人类不再因冲厕而浪费巨量的水资源，下水管道里不再有人粪尿，人类的便溺物可再次五谷轮回。城市水道不再污秽不堪、臭不可闻，生活污水处理厂不再高负荷运转。人类可以在卫生如厕的同时，心安理得地面对地球母亲，甚至自己的粪便被加工成化肥养殖花草、装点居室，或是制成可口宠物食品喂食狗狗，或是变成一点点无机灰分倒在垃圾桶内。

厕所“4G”技术已悄然到来，厕所“4G”技术的进化、选择、普及仍需很长时间。盖茨基金会的“神兽”厕所会和“土著”厕所物种技术交融，DNA 交换优化，最终进化成更加适应大众和环境需求的完美物种。未来“4G”厕所会由技术多元时代走向标准归一时代，就像 3G 通信技术只有 CDMA2000、TD-SCDMA、WCDMA 标准，4G 通信技术只有 TD-LTE 和 FDD-LTE 制式一样。也只有范式归一，对基础设施的要求才能变得统一化标准化合理化。未来的 ISO 30500 标准也可能会由性能标准慢慢演变成产品技术规范标准。

“3G”水冲厕所技术的推广仍在如火如荼之中。我们目前的厕所革命正处在一个技术“3.5G”的尴尬期内，水冲厕所技术尚未普及就已经发现不可持续了，新技术尚不成熟，相当于“2.5G”或“小灵通”的三格、双瓮、双坑、沼气、粪尿分离厕所技术又有些不够高大上，不足以“补齐这块影响群众生活品质的短板”，而国家高层又不想等。

旅游厕所革命由于普遍缺少上下水而先知先觉，因为有足够的资金来源而变得能够操作，因为总量小而敢于技术试错。而对于体量更为广阔单价承受能力相对弱的农村厕改，在技术准备不足或技术不成熟的时候，要么认为现有技术没有含金量对厕所革命的结果不满意，要么认为解决方案太昂贵，还会因此错失人粪尿还田的良机。不得要领的基层厕所革命领导者又很容易掉进“超五星级”豪华厕所的陷阱里。一次没有从容的技术准备的厕所革命注定是成本高昂的革命过程。但愿厕所革命在农村不会成为一场轰轰烈烈的重复建设或晒太阳工程的厕所运动。

厕所革命的形势让我们不能等待。我们应当做到的是，将所有人类个体迸发出的厕所智慧闪光点，有机整合为推动人类厕所进步的整体力量。

大力推进“厕所革命”助力首都旅游发展

宋　宇*

一　“厕所革命”上升为国家战略是首都旅游发展的重要机遇

“厕所革命”作为基础工程、文明工程、民生工程，得到了党中央、国务院的高度重视。自2015年实施以来，习近平总书记先后多次作出重要批示指示，为推进“厕所革命”指明了方向。经过全行业的共同努力和全社会的支持参与，“厕所革命”声势浩大、气势如虹、强势推进，《全国旅游厕所建设管理三年行动计划（2015—2017）》任务已超额完成，《全国旅游厕所建设管理新三年行动计划（2018—2020）》正在推进，中国旅游厕所面貌焕然一新，受到人民群众的普遍点赞和国际社会的高度赞誉。

* 北京市旅游发展委员会党组书记、主任。

“厕所革命”之所以能够引起党和国家的高度重视、得到人民群众的广泛认可，我认为，关键在于它取得了一些根本性、示范性的突破。其一，引发了系列社会变革。“厕所革命”虽然由旅游部门发起，但却致力于全社会，已成为促进城乡社会革命、引领中国旅居环境变革、引导社会文明新风尚的推动性力量。其二，融入了国家发展战略。“厕所革命”明确写进“十三五”旅游规划和2018年政府工作报告，位列“加强基础设施建设，提升公共服务水平”工作之首，列入国务院督办事项。其三，成为旅游“一号工程”。“厕所革命”已成为国家旅游局和许多地方政府的旅游“一号工程”，各级牢树“一盘棋”思想，坚持“一把手”统筹，形成“一揽子”举措。

推进“厕所革命”，提升以厕所为代表的旅游公共服务水平，是首都旅游高质量发展的应有之义和内在要求。北京市旅游发展委员会将抓住坚持不懈推进“厕所革命”的历史机遇，以推进“厕所革命”为抓手，以满足中外旅游者需求为目标，以提质升级为重点，协调全行业及全社会的力量，因地制宜，科学施策，充分发挥国家政策的支撑和引导作用，使“厕所革命”在京华大地取得更大成效，全面提升首都旅游公共服务建设水平，不断增强首都旅游的核心竞争力和国际影响力。

二　认清北京旅游厕所的发展阶段和基本现状十分必要

北京推进厕所建设和改造已持续30年，大致经历以下四个阶段。

第一阶段，以改革开放初期（1988 年至 2000 年）为标志，突出工作重点，大力开展整治。改革开放初期，外国游客大量涌入北京，由于当时北京的旅游接待设施比较薄弱，旅游厕所的数量和服务质量都无法满足中外旅游者的需求。当时如厕的尴尬场景被形象地称为“一二三四”：一闻（闻味寻厕）、二跳（厕所内污迹斑斑）、三叫（坑内脏蛆乱爬）、四笑（因厕位没有隔断板）。旅游厕所脏、乱、差、少成为制约北京旅游业发展的瓶颈，严重影响了北京的旅游声望乃至国家首都形象。海外游客对北京旅游厕所的投诉约占有效旅游投诉的 10.4%。1988 年，北京市旅游、环卫、餐饮、园局、一商 5 部门联合印发了《关于开展涉外旅游单位公共厕所卫生大奖赛活动的通知》，对全市接待海外旅游者的定点宾馆、饭店、餐馆、商店及旅游景区厕所建设和管理提出了要求。先后投资 450 万元对重点接待单位的 30 座厕所改造完善，对验收合格的 590 座旅游厕所颁发了标志牌，旅游厕所改造建设成为当年全市关注的热点。1994 年，北京市计划、旅游、环卫、规划等部门，再投入 3217 万元，改建新建旅游厕所 119 座。北京市旅游主管部门投入 300 万元，改造主要旅游区厕所 48 座。这一时期的积极探索，为后来全面推进厕所改造建设积累了经验。

第二阶段，以迎接北京奥运会（2001 年至 2008 年）为标志，加大政策扶持，加快建设步伐。北京借助“入世”和迎接奥运会、残奥会举办，加快了旅游厕所改造步伐，进入高标准、大规模发展的快车道。北京市旅游主管部门会同市发展和改革委员会、市财政局研究推出国债 + 补助模式，多方筹措资金，争取国债资金 3900 万元、财政拨补助款 1900 万元、旅游发展基金 360

万元，用于旅游景区厕所改造建设。截至 2003 年，累计用于支持旅游景区厕所改造建设资金 6160 万元（占总投资的 25.8%）。引导各区县和旅游景区自筹厕所建设资金 17711 万元（占总投资的 74.2%）。其间，共完成改造建设 148 家旅游景区的 747 座厕所，并首次按照质量标准评定厕所星级。其中，四星级厕所 88 座、三星级厕所 161 座、二星级厕所 312 座、一星级厕所 110 座，环保类厕所 76 座，建设总投资 23871 万元，建设总面积 6.19 万平方米，旅游景区厕所平均数量由 1.5 个增至 5 个，旅游厕所脏、乱、差、少的面貌基本得到扭转。北京旅游厕所的建设和改造受到社会各界的广泛关注，得到国内外旅游者和广大市民的充分肯定，国内外媒体也给予了充分报道。2004 年，在第四届世界厕所峰会上，北京向世界展示了旅游厕所建设管理成果。2005 年，世界厕所组织联合美国国家地理频道共同制作了北京旅游厕所建设成果专题片，北京旅游厕所以规范化、国际化的全新形象展示在世人面前，北京旅游厕所改造走上标准化规范化轨道。

第三阶段，以为民办实事项目（2009 年至 2014 年）为标志，强化政府主导，引导社会投资。2001 年至 2003 年，北京旅游厕所改造建设首次被市政府列为为民办实事工程之一。2011 年至 2014 年，旅游主管部门再次将旅游厕所改造建设纳入北京市政府为民办实事项目。通过北京市政府为民办实事项目建设，完成旅游厕所改造建设 389 座，投入政府引导资金 6993 万元，引导社会投资 1.3138 亿元。旅游厕所建筑材料更加环保，卫生洁具全部达标，女厕面积及厕位数量比例普遍提高，参与改造建设的厕所女厕面积及厕位数量比例达到 5：5 以上，无障碍设施设备更加完善，独立无障碍卫生间增加 75 个，同比增长 30%，引入了盲道和新型除臭装置及冬季取暖装置，游客如厕环境进一步优化。城六区旅游景区旱厕全部消除，郊区旅游景区厕所基本实现水冲或生态化，山区景区和乡村旅游新业态按照游客需求加大了厕所设置密度，旅游景区厕所全部取消收费。旅游厕所建设管理的公益性和公共服务属性为各级政府、各相关部门、各旅游景区普遍认同。

第四阶段，以“厕所革命”（2015 年至 2017 年）为标志，合理增加数量，全面提升质量。2015 年，原国家旅游局部署三年旅游厕所建设管理大行动，对旅游厕所改造建设提出新目标新要求，北京市结合实际科学制定了《北京市旅游厕所建设管理三年行动计划》，会同市城市管委研究全市旅游厕所建设管理措施，合理制定三年旅游厕所建设管理目标任务，明确各行业各系统旅游厕所建设管理任务指标和各级政府各相关部门工作职责。三年旅游厕所建设管理共完成改造建设任务 2973 座，其中改造建设第三卫生间 33 座，5A 级旅游景区做到第三卫生间全覆盖；全市 26 家 4A 级以上景区设置了第三卫生间功能。政府财政投入政策引导资金 1. 16 亿元，引导旅游企业投入 2. 48 亿元，无论是数量还是质量都超额完成任务。

通过不断建设和改造，当前，北京市旅游景区厕所基本实现数量充足、干净无味，分布合理、设施完善，环境协调、功能多样，管理规范、服务优质的要求。城六区厕位总量与区域日均客流量总比例为 5. 16‰，达到国标最高要求；郊区厕位总量与日均客流量总比例为 66. 46‰，超过国标最高要求 61 个点，全市厕位总量与日均客流量总比例为 14. 62‰，总体超过国家旅游景区质量等级划分与评定标准的最高要求（5‰）10 个点，总量供应充足，完全能够保障旅游者的使用需求。

当然，北京市旅游厕所建设还存在一些“短板”。一是城六区尤其是部分热点景区旅游厕所供给量尚低于国家最高标准，旅游高峰期如厕排队现象依然存在。二是文保古建景区受空间影响，新开发景区和旅游新业态因用地性质限制，改造建设受到制约。三是山区景区因地势限制缺少生态厕所配置，郊区旅游厕所缺少取暖设备，服务功能缺失。四是城市建设管理因行业标准和主管部门不同，建设管理标准不一致，旅游星级厕所只占全市厕所总量的39.6%。这些与人民群众日益增长的美好旅游生活需要相比、与建设国际一流的和谐宜居之都建设要求相比、与世界优秀旅游城市相比，还存在差距，需要持续深化和推进“厕所革命”。

三　北京旅游厕所改造建设的有效探索和做法值得认真总结

（一）加强领导，建章立制

北京市高度重视厕所建设管理工作，市委市政府主要领导专门作出批示要求，明确任务分工，密切协调配合，确保实现三年厕所建设管理目标。分管副市长亲自挂帅，建立有相关部门负责人参加的领导小组，加强工作指导和检查落实。建立部门联席会议制度，畅通工作沟通和信息交流渠道，实现分工协作，密切配合。把旅游厕所建设管理纳入市政府为民办实事项目和市政府重点工作，加大工作统筹和推进力度。把旅游厕所改造建设目标刚性化、突出旅游厕所改造建设的公共服务属性，明确各级政府、各相关部门职责和任务，扭转了旅游厕所建设管理只是旅游主管部门一家的传统思维，确保旅游厕所改造建设任务落到实处。

（二）勇于改革，率先探索

2000 年，北京市按照“起点要高，标准要全，适度超前”的原则，在全国率先制定出台了《旅游区（点）厕所质量等级划分与评定》地方标准，该标准在厕所使用面积、建设材料、设施设备、服务功能和形象设计等方面实现突破，大幅度超过城市公共厕所建设管理标准。第一次提出男女厕所比例由 7∶3 调整为 4∶6；对老年人和残疾人坑位设有应叫器；要求高星级厕所设休息室；从环保角度规定了绿化内容，要求采用节水、节能设备；在建筑形式和建筑特色上强调与旅游景区环境相协调。此标准为后来出台旅游厕所质量等级划分与评定国家标准提供了重要参考。

（三）规划先行，科学建管

1994 年，北京市旅游主管部门根据原国家旅游局、建设部《关于解决我国旅游厕所问题实施意见的通知》精神，会同北京市计委、环卫局、规划局制定发布了有史以来第一部《北京旅游景区厕所建设三年规划》。2000 年，配合执行《旅游区（点）厕所质量等级划分与评定》的标准，北京市旅游主管部门制定发布了《2001 年—2003 年北京市旅游区（点）厕所建设规划》，对于科学布局、合理设置建设指标、保障资金来源、把旅游厕所建设管理纳入统筹管理，起到积极有效作用。

（四）因地制宜，有效施策

“厕所革命”实施以来，北京市围绕“数量充足、干净无味、分布合理、设施完善，环境协调、功能多样，管理规范、服务优质”的总体要求，结合本地旅游资源产品以古都风貌为主、厕所建设管理基础较好、新建空间有限的特点，制定了“游客为本、问题导向，突出重点、满足急需，整体优化、分步推进，因地制宜、统筹发展”的建设管理原则。既不单纯追求增加数量，也不搞大而全、华而不实的面子工程，而是把目标和重点放在提档升级上，通过调整布局、优化功能、深化技改、美化环境，实现旅游厕所建设管理目标。目前，北京城市每年实施厕所改造建设约1000座，其中旅游景区厕所约100至200座。

（五）依靠科技，放大效应

为加快推进北京市旅游环境与公共服务建设工作，建立信息化、便捷化、规范化的北京市旅游环境与公共服务体系，2012年，北京市旅游委制定发布了《北京市旅游环境与公共服务体系三年建设指导意见》，把智慧旅游服务引入厕所建设管理，与百度、高德等信息服务公司合作，建立北京厕所智能导航系统，游客可以通过手机终端，自助智能查找厕所，极大地方便了旅游者出行。同时，开发了旅游厕所电子地图，建立旅游厕所管理信息档案，为了解掌握全市旅游厕所建设管理提供了翔实数据，为旅游厕所建设管理科学决策提供了有效支撑。

（六）整合资源，实现共享

近些年，北京市旅游委积极推进政府、事业单位、文化创意场所等向旅游者和市民开放，通过对开放点培训和宣传，提升开放单位的知名度，优化开放单位的旅游要素和接待服务功能，在开放接待过程中，其内部厕所亦成为社会共享资源，从而为旅游者和市民如厕提供方便，也为旅游集散区域厕所客流集中减轻压力。目前，北京市已有旅游开放单位140多家。

2016年5月，在“第一届全国厕所技术创新大赛”中，北京蓝洁士科技发展有限公司、万若（北京）环境工程技术有限公司的《免水可冲洗厕所》项目，被国家旅游局、比尔及梅琳达·盖茨基金会评为“优秀案例奖”。2017 年 5 月，在第四次全国厕所革命推进大会上，北京蓝洁士科技发展有限公司为高效节水标杆单位、中国光大集团光大置业有限公司为 PPP 模式标杆单位、北京第五空间环境管理有限公司为互联网 + 标杆单位、古北水镇为标准化引领标杆单位、故宫博物院为广泛动员标杆单位。

四 北京推进“厕所革命”任重道远

以《全国旅游厕所建设管理新三年行动计划（2018—2020）》实施为标志，我国“厕所革命”进入纵深推进的新阶段，北京市也迅速兴起了新一轮“厕所革命”的热潮。北京市领导密集调研城市街区厕所、农村村户厕所和旅游景区厕所建设管理情况，连续召开工作部署会，确定全市“厕所革命”新三年工作任务，明确部门职责分工，建立形成以市城市管委为总牵头，市城市管委、市新农村建设办公室、市旅游委分工协作的工作平台和推进协调机制。作为旅游行业的主管部门，北京市旅游委在推进“厕所革命”上将做到三点。

第一，既要积极担当更要主动作为。厕所建设管理涉及规划、建设、国土、环保、卫生等多个领域，涉及卫浴洁具、商业广告、保洁服务、污水处理等多个产业，需要各相关部门、市区两级政府联合行动，完善和优化厕所建设管理的相关法规，出台鼓励非政府主体参与厕所建设管理的公共政策。作为市区旅游部门更需要克服职能有限、资源不多等畏难情绪，敢于担责，主动尽责。北京市“厕所革命”新三年计划明确提出，改造升级80座旅游厕所，完善各种为特殊群体服务的旅游公共服务设施。这就需要制定分年度、分地区、分类别的实施方案，把任务细化到点位，把责任量化到人头，把项目固化到台账，确保“厕所革命”新三年行动计划提出的各项工作高标准推进、各项任务高质量完成。

第二，既要善于借鉴更要勇于创新。在以往的厕所建设和改革中，探索开展的加强领导、建章立制，勇于改革、率先探索，规划先行、科学建管，因地制宜、有效施策，依靠科技、放大效应，整合资源、实现共享的有效做法，值得认真总结借鉴与复制推广。更要坚持走科技创新之路，大力推广信息技术、材料技术、能源技术在“厕所革命”中的运用，真正让游客如厕舒心、找厕顺心。着力创新运营管理方式，持续探索“以商建厕、以商管厕、以商养厕”和“第5空间”“互联网+厕所”旅游厕所社会化、市场化管理新模式。鼓励社会各界和机关企业单位捐建厕所、认养厕所，创新“一厕多用”机制，鼓励引进专业化、集团化、连锁经营的厕所管理公司参与厕所管理。

第三，既要聚焦重点更要破解难点。“厕所革命”要着眼全市，不但景区、城区要抓，郊区、农村也要抓，要把这项工作作为乡村振兴战略的一项具体工作，与建设美丽乡村紧密结合，这也是“厕所革命”新三年行动计划的重点。坚持问题导向，从厕所配备最为薄弱、群众反映最为强烈、工作起来最为棘手的地方入手，通过强化组织保障、资金支持、考核督导、宣传引导，全力推进“厕所革命”新三年工作，促使全市厕所建设发生全方位改善和高品质提升，为首都旅游业发展、为建设国际一流和谐宜居之都创造优质服务环境。

雄安新区创新从“厕所革命”开始

——雄安新区试点源分离技术的可行性及重大意义

任景明*

内容摘要：当前水环境问题改善比大气环境问题还复杂困难，源分离技术的应用可以从根本上降低城市生活污水污染负荷，实现节能减排效益。同时还可以大量补充有机肥，在替代化肥降低面源污染的同时改善土壤有机质缺乏问题。雄安新区“一张白纸”是应用源分离技术最好的契机，实现“厕所革命”的“源分离”技术与实践，应该成为城市规划方案的首选。在雄安新区积累经验后逐步在全国有序推广源分离技术，将是解决我国城镇生活耗水高、污水处理负荷大的绿色创新之举，是增加有机肥来源、解决化肥面源污染的最佳路径，也可以为生态文明建设进行技术创新与管理创新蹚出一条路子。据德国马普化学所研究结论，另据德国马普化学所研究人员在欧洲及北美进行的农田试验发现，空气中微细颗粒污染物不仅来自车辆尾气，很大程度上

* 生态环境部环境工程评估中心副总工程师。

还与农业施肥有关，通过减少含氨氮（NH_3）肥料的用量，可有效降低空气中的 PM2.5 污染物。在东亚地区，氮肥减施 50%、75%、100% 三种情景下 PM2.5 年平均浓度绝对值下降幅度分别为 1.6μgm^{-3}（5%）、2.7μgm^{-3}（8%）和 4.08μgm^{-3}（13%）。这对于我国打赢蓝天保卫战无疑具有重大而深远的战略意义。

中共中央、国务院决定设立河北雄安新区，除了疏解非首都功能和推进京津冀一体化进程等功能外，绿色和创新将成为雄安新区规划建设的主基调。源分离技术在世界各地已有一些成功案例，但仍未获得有效广泛的推广，在雄安新区现行先试将推动新区建设走在世界绿色生态城市的最前沿。

一　雄安地区水资源匮乏亟须创新式规划

（一）水资源匮乏的生态"短板"不容忽视

京津冀地区长期缺水，降雨量小于 600mm，人均本地水资源量仅为东京都市圈的 1/2，长三角地区的 1/4，珠三角地区的 1/8。海河流域水资源量锐减，近 50 年下降 30%，雄安新区地表水的开发程度已达 90% 以上。水资源开发严重透支，白洋淀水生态严重退化，流域性水污染问题突出。按照规划，雄安新区将建成二类大城市，人口规模 200 万—250 万人，快速增加的人口及产业将产生巨大的水资源、水环境压力。预计 2020 年雄安新区综合生活用水量将增加到 1.02 亿立方米，2030 年综合生活用水将达到 2.04 亿立方米，除本区域地表水、浅层地下水资源艰难支撑外，还需要跨区域调水予以支持。如何在规划阶段就设计出从源头节约水资源和预防水污染的先进方案成为当务之急。

（二）冲厕用水消耗量大污染负荷高

据调查，城镇居民生活用水量占城镇用水总量比例约为36.2%，其中住宅类建筑物冲厕用水占建筑内用水总量的39.0%，办公楼、教学楼等建筑物冲厕用水占建筑内用水总量的63.0%。由此可知，冲厕用水占城镇用水总量比例极高。然而冲厕用水主要是经过处理符合饮用水标准的自来水，对水资源造成了非常大的浪费。人粪尿仅占生活污水总量的1%，但其含有污水中59%、97%、90%、66%的COD（化学需氧量）、氮、磷、钾。采用源分离排水技术，将粪便、尿液单独收集并资源化利用，不仅可以节约用水，降低污水处理厂的处理负荷，同时可以生产大量的有机肥料，用于农业生产或绿化养护。

（三）生活污水处理代价高

现有城市排水系统模式是以清洁水稀释人粪、尿等排泄物，经管道收集、输送后进行集中处理，在此过程中大量消耗水资源和能源。对于雄安新区，按照用水定额的90%及计算综合生活污水排放量均值计，2020年城镇生活污水排放量将高达0.92亿立方米。我国城市污水处理厂平均电耗为0.292千瓦时/立方米，如果考虑污泥处理，还要增加20%左右。按照污水处理厂电耗不超过0.35千瓦时/立方米大致估算，雄安新区仅用于处理生活污水的年耗电量为0.32亿千瓦时，每年污水处理电费0.21亿元。

二 源分离技术的优越性及其案例

欧盟委员会于2003年倡导对远离市政下水道的区域实施源分离计划，并责成德国有关部门与企业合作，设计并实施了源分离分散式污水处理示范工程。示范工程分别采用重力和真空分离便器收集办公楼和家庭住宅各种污水；灰水（厨房、洗衣、沐浴和盥洗等清洗废水）经MBR（膜生物反应器）处理后或与化粪池出水一同再经湿地处理，出水最终可回用或排放；黄水（尿液废水）采用气体吹脱和鸟粪石结晶技术回收其中所含氮、磷等营养物后用作农肥，所含病毒和微生物污染物经过热处理或臭氧氧化加以去除；褐水（粪便污水）经过滤/堆肥发酵或厌氧消化利用生物能（甲烷）后其残渣用作农肥。这一建在德国杜塞尔多夫城市的示范工程运行4年后进行了经济成本分析。结果显示，源分离系统虽然比传统污水排水与处理系统基础设施投资要高，但是源分离系统所能达到的环境与生态的综合效应是传统系统所不能比拟的，这会使源分离系统实际运行费用较传统系统降低18%。荷兰、奥地利、瑞典等国家也都有成功案例说明源分离技术的实用性和巨大的生态效益及显著的经济效益。

2005年，清华大学系统性开发了单独收集尿液、负压分离大便的负压源分离系统。该系统结合负压和源分离的优点，在一幢大楼建立对称的负压—源分离排水系统和传统混合水冲排水的双排水系统。北京建筑工程学院在昌平区小汤山附近兴建了一处生态循环示范基地。该示范基地包括尿液源分离、粪便沼气发酵、雨水收集利用、灰水与人工湖水湿地净化和太阳能利用等。示范基地内住宅使用粪、尿分离便器，分别收集尿液和粪便；尿液通过集尿井收集之后用于农田施肥；粪便污水经负压管道收集至沼气池进行厌氧发酵产生沼气，用于照明和生活燃料。基地内的灰水经负压管道收集并输送至垂直流入人工湿地进行处理，出水用作人工湖补充水或作物灌溉水。在这一示范基地内，可完全实现水、营养物以及能量的闭合循环，形成真正意义上具有“零排放”的生态示范工程。

从 2009 年始，SOHO 中国基金会与天水潘集寨最甜苹果农民专业合作社，在 31 所学校建立了源分离厕所。随后，该合作社发起粪肥下乡扶贫活动，免费给果农尿液，收购农民果实，使得农民增收 30%，化肥减量 60% 以上。2014 年，法国 ARTE 电视台播出了纪录片 UIRNE SUPERPOWERS（《尿液的超级力量》），有七分钟专门介绍这个用尿液种苹果的故事，大大改善了欧美数百万观众对中国环保工作的态度。2015 年 3 月，欧洲可持续磷平台 ESPP，把该项目收集学校厕所尿液种苹果的实践列为五大磷回收成功案例之一。项目负责人受 ESPP 邀请，给参加欧洲第二届磷回收大会的 35 个国家 350 名代表讲述收集 2 万人尿液种苹果的故事，受到与会者的一致好评。2015 年 8 月，在斯德哥尔摩水周大会期间，世界可持续生态卫生联盟 SuSanA 把用尿液种苹果的故事列为世界上学校水与卫生管理第一案例。

以上成功案例表明，在类似雄安新区这种新规划区域率先将源分离技术应用于城市污水处理系统具有扎实的理论与实践基础。

三 雄安新区试点路径

首先，树立源分离及污水分散式处理的理念。利用雄安新区“一张白纸”的基础和水污染治理压力巨大的契机，在新区所有公共地产、商业地产和居住区规划建设源分离系统，从源头节约水资源和预防水污染，分片区设置小型污水分类处理体系，灰水经简单处理后就近回用，黄水和褐水处理后提供优质的肥料，降低排水系统运行成本。

其次，论证并建立更为合理的城市给排水规划。论证城市给排水规划中不同类型水的来源及去处，改变城市污水统一进入市政管网并最终汇至污水处理厂的规划理念，建立城市雨污分流、建筑内灰水、黄水、褐水分流的排水体系，建立饮用水及洗浴用水统一供给，冲厕水由中水系统供给的供水体系。

最后，标准化、产业化推进源分离手段及措施。源分离系统的资源化利用包含三个部分，灰水经处理后就近回用，黄水腐熟后用作农用肥料或将其中营养元素的工艺化回收，褐水经负压管道收集至沼气池进行厌氧发酵产生沼气和农肥。为实现资源化利用的目标，有必要建立标准化、产业化运行机制，以实现灰水达标处理，肥料有出路能消纳的目的。

另外，在从源头上实现污染源源分离和资源化利用的基础上，目前仍必须配套推进环境污染末端治理和生态修复工程。就雄安新区而言，要研究白洋淀—大清河生态廊道水量配置及水资源保障机制，集成研发白洋淀水污染控制与生态修复、区域绿色发展技术体系，创新水环境科技成果转化模式，构建雄安新区健康循环的新型城市水系统，推动白洋淀区域（雄安新区）率先实现向新型水环境质量管理体系转变；依托国家及地方政府有关规划，贯彻山水林田湖理念，建设白洋淀生态需水与水资源保障、重污染支流水质达标、河口湿地生态恢复、淀区水生态修复等示范工程，最终使淀内考核断面水质稳定在地表水质量Ⅲ类标准。

四　源分离技术推广普及的意义

过去源分离技术推广受阻的关键制约除了工程技术路径依赖、系统改造成本高和体制机制障碍外，维护难度大、分散式小规模运行影响资源化处理程度、污水资源化程度低影响源分离系统经济效益等也是需要克服的重要技术难题。随着国家的重视和投入力度加大，更高效实用的源分离技术会越来越经济实用。在雄安新区先行先试积累经验后，可在全国逐步有序推广源分离技术。

据预测，2020 年，我国城镇常住人口将达到 8.4 亿。若 10% 现有城镇人口及 80% 新增城镇人口使用粪尿分离便器，仅冲厕用水将节约 14.5%。独立收集的粪尿不进入城市排水系统，则城镇污水系统将减少 COD 负荷 261.23 万吨/年，总氮负荷 64.42 万吨/年，污染物排放负荷约减少 17.58%，可为污水处理厂节省电量 5.98 亿千瓦时。若粪尿分离便器收集的污染物不进入城市排水系统且转化为农肥，可分别提供 64.42 万吨、15.87 万吨和 17.53 万吨氮、磷、钾等营养元素。如此将大大降低农业化肥施用量，同时可提供大量优质有机肥，提升改善耕地质量。假定全部化肥以煤基尿素的能耗和排放系数计算，每吨尿素耗煤系数为 1.55 吨，耗电系数达到 1030 千瓦时，排放 CO_2 5.425 吨。如果全部的化肥被资源化利用的人畜粪便替代，大致估算将减少煤耗 8000 万吨、电耗 609 亿千瓦时、减排 $CO_2$3.2 亿吨，同时减少发电排放的大量 SO_2 和 NO_X。另据德国马普化学所研究人员在欧洲及北美进行的农田试验发现，空气中微细颗粒污染物不仅来自于车辆尾气，很大程度上还与农业施肥有关，通过减少含氨氮（NH_3）肥料的用量，可有效降低空气中的 PM2.5 污染物。以德国为例，2015 年德国每立方米空气中 PM2.5 平均浓度约 14 毫克，如果农田减少 50% 的氨氮化肥使用量，PM2.5 平均浓度可下降至 12.5 毫克。据此测算，欧洲 PM2.5 浓度平均可以下降 11%，美国和中国可分别下降 19%、34%。这对于我国打赢蓝天保卫战无疑具有重大而深远的战略意义。

源分离污水处理系统投入成本高，但运行成本低。与传统排水系统相比源分离坐便器及管道系统投资高约 29.05%，管道系统运行成本低约 67.48%，污水处理系统建设成本低约 48.24%，年运行费用低约 50.49%。运行四年后，源分离系统建设及运行成本将开始低于传统排水系统建设及运行成本。以 10 年为周期进行核算，源分离污水处理系统建设及运行总成本将比传统污水处理系统低约 14.10%。

在全面推广源分离系统之前，可对全国现有的排水系统初步改造，至少让化粪池的污染物不进入污水处理系统，减轻现有污水处理系统的污染负荷，再利用最新的脱水和资源化手段生产有机肥。全面实现源分离无疑对消灭黑臭水体和实现水体变清具有根本性的意义，是解决我国城镇生活耗水高、污水处理负荷大的绿色创新之举，也是增加有机肥来源、解决化肥面源污染的最佳路径，全国逐步普及源分离将实现极大的生态、社会和经济效益。

湖北省厕所革命进展报告

余池明　白兴雷*

一　2015年以来的进展和存在的问题

（一）厕所革命进展和成绩

2015年，湖北省启动旅游“厕所革命”，取得了积极成效。据统计，2015年以来，湖北省旅游厕所革命计划共投入资金近13.5亿元，共建设旅游厕所2747座，其中新建1775座，改扩建共972座。2015年、2016年完工1850座，2017年完成新建、改扩建旅游厕所1069座，三年合计完成2919座，超额完成国家旅游局下达的第一个三年行动计划目标。以厕所革命为重点，旅游交通、游客集散中心、停车场等公共服务设施不断完善，进一步提升旅游的便捷度、舒适度、满意度和安全度。

* 全国市长研修学院城市发展研究所所长；武汉市环境卫生科学院高级工程师。

根据省有关部门调查统计。截至 2017 年底，全省各县市区建成使用的城区公共厕所共计 4988 座。其中一类公共厕所 586 座，二类公共厕所 2525 座，三类公共厕所 1479 座。活动式公共厕所 398 座。全省城区公共厕所免费开放 4971 座，免费开放率达到 99.7%。全省共建成使用的乡镇公共厕所，共计 5353 座。全省各县（市、区）城镇每万人拥有公共厕所 2.78 座，其中城区每万人拥有公共厕所 1.97 座（全国平均 2.72 座）。乡镇每万人拥有公共厕所 4.49 座。在加强公共厕所建设的同时各地大力推进社会单位厕所对公众开放，目前全省对公众开放的社会单位厕所达到 3968 座，其中免费开放 3899 座，免费开放率达到 98.3%。

近年来各县（市、区）对城市公共厕所不断加强管理将公共厕所建设，列入民心工程统一公共厕所标识标牌，明确管理责任人，加强防蝇防蚊除臭，确保公共厕所内地面环境干净整洁，加强旱厕改造，绝大多数城市中心城区均消除旱厕，全省仅部分市县城区还残留旱厕 348 座。武汉市成立了 20 多个部门参加“厕所革命”联动机制，每年安排 2000 万元对达标旅游厕所进行奖补，明确各部门和各区责任并加强考核，每年新建、改建旅游厕所 100 座。宜昌市政府下发厕所建设管理文件，安排专项资金推动厕所建设，每年新建、改建旅游厕所 110 多座。探索形成了标准化引领、全域化布局、部门化协同、专业化辅导、板块化推进的“厕所革命”经验。十堰市推动形成了政府主导、部门协同的“厕所革命”联动机制，强化各部门和市县区责任，每年新建、改建旅游厕所 110 多座。

在推进旅游“厕所革命”全域化的同时，湖北大力推进“第三卫生间”配套建设，2017年“第三卫生间”计划总量为330座，其中5A级旅游景区30座、4A级旅游景区100座、3A级旅游景区160座、非A级旅游景区40座。目前，全省所有5A级旅游景区都配套建有“第三卫生间”，部分4A级旅游景区配有“第三卫生间”，武汉、宜昌、十堰、襄阳、恩施、黄冈等城市先后被评为全国旅游“厕所革命”先进城市。

全省各地积极探索，破解厕所建设管理难题。在旅游厕所设计、建设施工和长效管理中，坚持标准、因地制宜、突出特色、不断创新，注重植入文化元素、强化生态理念、提高科技含量，旅游厕所建管工作取得明显成效。在实践工作中摸索出了旅游厕所革命的“八动法”，即：思想发动、创新驱动、标准推动、主体调动、部门联动、典型带动、奖补促动、快速行动，为全国旅游厕所革命积累了经验，做出了贡献。

（二）存在的主要问题

虽然全省城镇公共厕所建设与管理工作取得较大成绩，但通过对全省总体情况进行比较分析还存在一系列突出问题。城镇公共厕所建设管理面临的难题仍未妥善解决。主要问题包括：一是数量和布局不能完全满足群众如厕需求。虽然各地公共厕所建设力度不断加大，但城镇公共厕所数量与环境卫生设施设置标准的要求仍存在较大差距，建成区的公共厕所分布密度亟待加强。二是建设标准偏低，且人文关怀不够。城镇公共厕所普遍存在外观形态和使用功能较单一、建设规模小、服务设施不配套、厕位比例不合理、缺乏针对特殊人群的人性化设计和图形标识不够规范的问题。三是公共厕所建设用地被侵占导致建设难度大。大部分城镇未对公共厕所布局建设进行统一规划，区域开发建设中没有执行配套公共厕所与主体工程同步规划、同步建设、同步使用的要求。大量被拆除的公共厕所得不到还建，再加上邻避效应的影响，造成公共厕所越建越少的怪现象。四是日常运行，维护管理不够精细。城镇公共厕所存在的标识标牌设置不醒目、管理经费和劳动定员不足、设施设备被盗和破坏现象严重、维护管理人员业务知识和技能技术水平不够、如厕环境差等问题，直接影响城镇市容环境卫生和人民群众生活环境质量。五是找厕所难问题普遍存在。城市道路没有设置明显的公厕标识指引系统，大部分城市没有城市公厕数字地图，不便于市民或游客使用。

二　新时代厕所革命规划目标和措施

2017 年 12 月 31 日，省人民政府印发《湖北省“厕所革命”三年攻坚行动计划（2018—2020 年）》，计划推进城乡厕所“四个一批”工程（新建一批、改造一批、提升一批、开放一批），开展“五大攻坚行动”。通过三年努力，全面完成全省 200 万户农户无害化厕所新建、130 万户农户厕所改造提升以及 25063 座农村公共厕所、3837 座城市公共厕所、3270 座乡镇公共厕所、260 座交通沿线厕所、2883 座旅游公共厕所建设改造任务，到 2020 年全省农村无害化厕所普及率达到 100%，基本实现城乡公共卫生设施“数量充足、分布合理，管理有效、服务到位，卫生环保、如厕文明”的目标，全面改善湖北省城乡人居环境，助力全面建成小康社会。统筹规划，将农户无害化厕所、农村公共厕所、城镇公共厕所、交通厕所和旅游厕所等纳入城乡总体规划以及景区、公路、车站等专项规划。按照“1+N”体系，编制全省“厕所革命”总体规划以及旅游厕所、交通厕所、农村厕所、城镇厕所、“厕所革命”治理等专项规划。

多措并举筹集资金。省人民政府每年统筹10亿元财政资金，3年共安排30亿元，对农户无害化厕所建改、污水处理和农村公共厕所建设予以奖励。鼓励县（市、区）人民政府在省级财政奖补的基础上，对本地农户无害化厕所进行一定额度补助；资金筹措有困难的，由县（市、区）人民政府对资金需求打包立项，通过省财政每年安排地方政府债券50亿元以上规模进行统筹。充分调动群众参与“厕所革命”的积极性，引导市场主体及社会组织参与“厕所革命”，力争三年筹措各类建设资金200亿元左右。省级按照农户无害化厕所建改每户400元的标准、非易地扶贫搬迁建档立卡贫困户无害化厕所建改每户500元的标准，采取“竣工验收、以奖代补”的方式予以补助，并酌情对农村污水处理和农村公共厕所建设予以资金补助。

另外，湖北省旅发委计划开启新的三年“旅游厕所革命”行动，三年内将计划新建、改扩建旅游厕所2883座，其中新建2223座，改扩建660座。

湖北省住建厅成立了城镇“厕所革命”工作领导小组和专班，编制了城镇“厕所革命”专项规划，三年内计划新建、改建城镇公共厕所7107座，其中城市公共厕所3837座、乡镇公共厕所3270座。按照服务半径老城区800米、新城区500米的覆盖标准，通过新建、附建、公共设施开放、共享等方式推进城镇公共厕所建设，基本解决城镇如厕难问题。

三　各地做法

2018 年 1 月底，全省选定梁子湖区等 20 个县（市、区）作为第一批“厕所革命”试点。

【武汉市】

《武汉市“厕所革命”三年攻坚工作方案（2018—2020）》计划三年内，高质量新建城区公厕 400 座。这 400 座将在全市人流量大的区域及主次干道两旁选址。具体建设时间表为：2018 年建成 100 座；2019 年和 2020 年各 150 座。中心城区新建公厕将全部达到国家 A 级标准，远城区新建公厕全部达到二类标准。同时，结合旅游城市建设，按照旅游星级公厕标准，在窗口地段、重点商区、旅游景区周边及军运会场馆等处改扩建 100 座旅游星级公厕，其中 2018 年、2019 年各 50 座。目前，武昌、江汉等区已陆续出现新型智慧公厕。市民如厕时扫个脸，就可以免费取手纸。公厕内加装的人脸识别系统，外形如家用热水器，市民摘掉眼镜或帽子，站在人脸识别系统“照一照”，就可以在出口处取纸。

【黄州区】

2012 年就开始试点，先后投入资金 1000 余万元，累计改造旱厕 1200 余座，新建公厕 100 余座，改造公厕 80 余座。2017 年，黄州区结合美丽乡村建设推动旱厕改造，选中王家湾作为试点，镇里投 50 余万元接通自来水。随后，村民自行拆除旱厕，改建室内水冲式厕所。村委会整合资金 120 万余元建雨污分流工程，建成排水沟600余米，铺装污水管网1000余米，建污水收集处理池2座，建水冲式公厕2座。小型污水处理站，已有5个村建起12座，每座投资约30万元，每天可处理25吨污水，满足五六十户农家需要。污水处理后排到水池子，浇花种菜。2018年初，黄州区被列入全省20个“厕所革命”试点县区之一，区委区政府制定行动方案，根据黄州区实际，将“厕所革命”三年攻坚任务压缩到一年，计划2018年消除旱厕，完成农户无公害化厕所改造。

【黄石市】

《黄石市推进“厕所革命”工作方案（2018—2020年）》规定：三年内，改造农户无害化厕所9.46万户，2018年改造农户无害化厕所4.49万户。到2020年，实现城市公共厕所平均设置密度达到每平方公里规划建设3—5座，符合国家规范。三年内，城市公共厕所新建22座、重建10座、改造151座、还建11座、社会公厕改造57座；三年内，农村公共厕所新建180座、改建376座；三年内，交通厕所新建6座、改建7座、提升19座、开放32座；三年内，旅游厕所新建134座、改建34座。

【荆州市】

《荆州市“厕所革命”三年攻坚行动实施方案（2018—2020年）》规定：通过三年的努力，全面完成全市48.56万户农户无害化厕所、1505座农村公共厕所、1124座城镇公共厕所、36座交通公共厕所、65座旅游公共厕所建设和改造任务，到2020年实现全市农村无害化厕所覆盖率100%。

【荆门市】

《荆门市“厕所革命”三年攻坚行动实施方案》日前正式出

台。按照方案，荆门市将通过3年努力，完成全市32万座农户无害化厕所、1425座农村公厕、145座城市公厕、245座乡镇公厕、21座交通沿线公厕、50座旅游景点景区公厕的建设和改造任务。到2020年，全市农村无害化厕所普及率达到100%。对于城乡厕所建设，坚持“农户主体、政府补助、因地制宜、一村一策”的原则。对于农村公共厕所，一个行政村至少建改1座无害化公厕，全市3年至少建设改造1425座。对于城镇公厕，按照全面规划、补齐短板、合理布局、方便群众、有利排运、资源化利用的原则进行建设改造，到2020年底，完成全市145座城市公厕和245座乡镇建成区公厕建设改造任务。

【襄阳市】

2017年，襄阳市襄城区城管局不断深化、创新突破，积极探索新经验、新路径，在城区范围内大力推行装配式厕所兴建工程，从抓认识、抓规划、抓标准，到抓政策、抓示范、抓保障等各方面，标准化装配式厕所都起到积极的样板作用，特别是具有个性化的定制和建设周期短的优势，成为一些城市首选。一座座标准化装配式厕所的兴建不仅成为城市建设的新亮点，也让广大市民有了实实在在的“获得感”。襄城区坚持“一厕一景，全民共享”，推进城区标准化装配式厕所兴建工程，引导公众养成文明如厕习惯，营造洁净的如厕环境，建设健康向上的厕所文化，擦亮公厕文明这扇窗口，受到了广大群众的普遍欢迎。目前，襄城区已达到旅游星级厕所有6座，特别是襄阳岘山文化广场厕所2016年被住建部评为“最美公厕”殊荣。

附录 湖北省2017年厕所革命先进奖名单

一 综合推进奖

武汉市旅游局：推动市政府成立20多个部门参加的厕所革命联动机制，每年安排2000万元对达标旅游厕所进行奖补，明确各部门和各区责任并加强考核，每年新建、改建旅游厕所100座。2016年全国厕所现场会在武汉召开，推广武汉经验。

宜昌市旅游发展委员会：推动市政府下发厕所建设管理文件，安排专项资金推动厕所建设，每年新建、改建旅游厕所110多座。探索形成了标准化引领、全域化布局、部门化协同、专业化辅导、板块化推进的厕所革命经验。

十堰市旅游局：推动形成了政府主导、部门协同的厕所革命联动机制，强化各部门和市县区责任，每年新建、改建旅游厕所110多座。在以商养厕、以商管厕等方面进行了积极探索。

二 技术创新奖

武汉江城泽源生态工程技术有限公司董事长江鹰：该公司研发的防堵塞土壤处理法，首次破解了利用土壤法处理厕所污水出现堵塞的世界难题。该处理工艺被称为是处理分散型公园厕所屎尿污水具划时代意义的革命性新技术。江鹰2016年被人民网评定为厕所革命十大推进人物。

三 管理创新奖

武汉市东湖生态旅游风景区：将厕所管理与安置职工就业结合起来，专门安排两名人员住在厕所间，以加强日常管理。建立了一整套厕所管理制度和厕所服务规范，同时在以商养厕、以商管厕等方面进行了积极探索。2016 年全国厕所现场会考察了该景区旅游厕所。

宜昌市长阳清江画廊景区：鄂旅投公司进驻该景区后，采取企业运作的方式，创新厕所建管投融资模式，积极探索以商养厕、以商管厕新机制，提高了厕所管理水平，提升了厕所服务质量。

四 人文关怀奖

武汉市黄陂木兰生态文化旅游区：该区把游客与市民共建共享结合起来，彰显人文情怀，完善厕所功能，第三卫生间、老人间，残疾人卫生间，母婴间及相应设施一应俱全。室内还装有空调、电视，摆放沙发，还有报架、宣传资料架，适应了人们休闲需求。2016 年全国厕所现场会考察了该景区旅游厕所。

宜昌市三峡大坝旅游区：该区对社会免费开放后，进一步加强厕所等旅游公共服务建设和管理，体现游客为本。景区厕所第三卫生间、老人间，残疾人卫生间，母婴间及相应设施齐全，功能完善。

十堰市武当山旅游区：该区落实5A级旅游景区标准，将“不让一个游客受委屈”的服务理念落实在厕所服务上，重视旅游厕所的功能建设和设施完善，彰显人文关怀。景区厕所第三卫生间、老人间，残疾人卫生间，母婴间及相应设施齐全。

五 文明宣传奖

黄冈市遗爱湖公园旅游厕所：将东坡文化和园林风景融入旅游厕所之中，加强对游客和市民的如厕文明宣传教育，注重文明如厕引导，在厕所内外有文明如厕宣传语和提示语。落实资源节约和环境友好的理念，体现人与自然的和谐。

咸宁市三国赤壁古战场旅游厕所：将三国文化融入旅游厕所之中，厕所内有凤雏庞统等三国人物的图文介绍。加强对游客的如厕文明宣传教育，注重文明如厕引导，在厕所内外有文明如厕宣传语和提示语。注重资源节约和环境友好，体现人与自然的和谐。

鄂州市西山公园旅游厕所：重视厕所外观风格特色和内部设施完善相结合，体现“三国风”。加强对游客和市民的如厕文明宣传教育，注重文明如厕引导，在厕所内外有文明如厕宣传语和提示语。注重资源节约和环境友好，体现人与自然的和谐。

旅游扶贫视野下的贵州厕所革命

陈　俊*

山地旅游是贵州产业扶贫的重要渠道，贵州以“厕所革命”为抓手，结合脱贫攻坚和旅游产业，展开了一场“厕所革命”攻坚战。走出了一条优质旅游、高效旅游、绿色旅游、满意旅游、智慧旅游为支撑的山地全域旅游发展新路。

贵州2015年至2017年9月，贵州新建与改建旅游厕所3200座，总计投资12.43亿元。三年在旅游城市和城镇游客聚集公共区域173座、旅游景区1581座、旅游线路沿线214座、乡村旅游点887座、旅游餐馆7座、旅游娱乐场所75座、休闲步行街区214座，其他49座。安顺市获国家旅游局授予“厕所革命先进市”，黄果树旅游景区获国家旅游局和人民网评选为全国“厕所革命十大典型景区”，西秀区龙泉路公厕获中国城市环境卫生协会授予全国十大“最美公厕综合奖”。毕节市被国家旅游局评为“旅游厕所建设先进市”。2017年全国厕所革命工作现场会

* 多彩贵州文化旅游研究院总经理。

上，贵州厕所革命纪实片作为全国6个省级单位之一在会上播放交流。

一 高位统筹真抓实干推进厕所革命

厕所是检验社会文明的标尺，厕所革命意味着要将这文明的标尺提升到新的文明高度。自2015年国家旅游局提出将旅游厕所作为旅游基础设施提升重点后，贵州省高度重视，党政主要领导亲自推进。2015年时任贵州省委书记赵克志批示："我省要认真学习贯彻习近平总书记重要批示精神，按照全国旅游局长座谈会的部署要求，发扬钉钉子精神，采取有针对性的措施，把加强旅游厕所建设管理作为完善旅游基础设施的重要内容，把引导文明出行、文明旅游作为加强精神文明建设的重要抓手，进一步培育和弘扬社会主义核心价值观，进一步优化完善公共服务体系，全面提升我省旅游品质和承载力，全面提升公民文明素质和全社会文明程度，推动我省文化旅游业发展迈上新台阶"；时任省长陈敏尔批示要求："要认真贯彻落实习近平总书记和汪洋副总理重要批示精神，以钉钉子的精神抓好我省旅游厕所建设和文明旅游工作，不断提高旅游综合服务水平，助推旅游业持续健康发展"。

2015年4月28日，贵州省旅发委组织召开了《全省国有及国有控股旅游景区体制机制改革暨旅游厕所建设培训会》，邀请专家讲解旅游厕所建设标准，分管省领导与各市州人民政府签订了旅游厕所建设责任书。全省各市州均成立旅游厕所革命行动工作协调领导小组，为旅游厕所革命提供组织保障。各地发改、财政、规划、环保等部门相互联动，为旅游厕所项目立项、环评等专门开设“绿色通道”。

2016年，时任贵州省委书记陈敏尔和省长孙志刚在全省加快旅游发展工作动员部署电视电话会议和全省旅游工作推进会议上多次提出要“标准建设、管理精细、服务优质”深入推进厕所革命。时任省委常委、贵阳市委书记陈刚在调研花溪旅游工作时指出“要像抓大数据一样抓旅游。国家旅游局李金早局长抓了全旅游系统最小的一件事，就是旅游厕所革命。今年重点是抓好旅游厕所的管理和提升工作”。在贵州省召开的2016年上半年全省旅游工作调度会，分管副省长亲自对全省1077座新建与改建旅游厕所进行专题调度并作工作安排；在全省旅游安全和服务质量电视电话会议上提出“深入推进‘厕所革命’，强化旅游公厕卫生整治”。为切实将旅游厕所打造成满意旅游的重要窗口，贵州省旅发改革领导小组办公室制定了《贵州省旅游厕所建设与管理实施意见》（黔旅发改办〔2016〕20号），指导和推进各地开展旅游厕所建设管理工作。各地党委政府都高度重视旅游厕所建设管理工作，专题研究旅游厕所建设管理工作，提出加快推进旅游厕所建设进度，增加厕所建设计划，实现旅游厕所全覆盖。

2017年，时任贵州省委书记陈敏尔和现任省委书记孙志刚多次强调“标准建设、管理精细、服务优质”，深入推进厕所革命。分管副省长卢雍政要求“深入推进‘厕所革命’，带队开展厕所革命工作暗访，约谈厕所革命不力的市级人民政府，确保实现厕所革命工作目标”。部分市（州）政府一把手任厕所革命工作领导小组组长，黔西南州人民政府将厕所革命纳入州政府十件实事，由年初计划72座调整为237座。各级党委政府专题研究旅游厕所建设管理工作，实现旅游厕所建设管理全覆盖。省级发改、国土、环保等部门在规划、用地、立项、审批方面开辟旅游厕所审批“绿色通道”，确保了厕所建设项目及时落地。

二　协同创新推动旅游厕所建设

贵州省在厕所革命中，多措并举，创新举措，协同推进厕所建设。将全省旅游厕所建设工作与“贵州100个旅游景区建设工程”“四在农家·美丽乡村”基础设施建设六项行动计划、“多彩贵州·最美高速”创建等联动起来，依托相关项目协同创新加快推进旅游厕所建设。2015年，交通运输部门新建高速公路71对服务区旅游厕所，三年完成113对高速服务区旅游厕所建设。省文明办与省旅游局联合下发了《贵州省“多彩贵州文明行动”旅游景区专项考核实施方案的通知》，将旅游厕所建设纳入多彩贵州文明行动，有效推动了旅游景区的厕所建设，提升景区环境质量和服务质量。各地方政府创新工作方式，整合资源，把厕所建设与财政一事一议、水利、扶贫、新农村建设等资金有机结合，加大投入力度。

黔东南州剑河县通过整合美丽乡村“六项行动”、财政“一事一议”、乡村旅游扶贫等项目资金2000万元，建成了巫包、反召、光条、屯州、基佑、昂英、温泉等旅游厕所。

毕节市则出台了《毕节市旅游服务质量大提升三年行动计划（2016—2018）》以及《毕节市旅游厕所建设提升实施方案》，旅游、国土、财政、交通、住建、林业等部门和单位结合自身职能，协调配合共同推进全市旅游经营单位、旅游交通沿线、旅游乡（镇）、乡村旅游村寨、城乡社区等厕所建设与管理工作，形成旅游厕所建设联席会议制度，将旅游厕所、公共厕所建设作为年终考评硬任务、硬指标推进，落实旅游厕所、公共厕所建设目标管理责任制，由督查、考核等部门联合进行跟踪考核。

安顺市则借助旅游品牌效应，鼓励采取承包经营、企业冠名赞助、商业广告特许经营、公私合营等方式实施旅游厕所管理，强化旅游厕所造血功能，不断提高管理服务水平。

贵州连续11年召开了全省旅发大会，9个市州均开展市级旅发大会，成功举办了国际山地旅游大会、中国美丽乡村黔西南峰会、中国传统村落黔东南峰会，以办会为平台，推动各地旅游厕所的建设管理。通过开展全省A级旅游景区的评定和复核工作，加大旅游景区内旅游厕所建设和管理力度。

三　旅游厕所建设凸显地域文化特色

贵州作为旅游资源大省，在厕所革命中注意规划引领，坚持科学规划、合理布局，按照建设数量要与全域旅游发展及游客规模相适应的原则，将旅游厕所建设管理作为旅游公共服务体系的重要内容，纳入贵州“十三五”旅游发展规划和各地城乡基础设施建设规划，合理布局，统筹安排，重点突破，示范带动，整体提升。根据国家旅游局《旅游厕所建设管理指南》《旅游厕所质量等级评定与划分》国家标准和《贵州省第三卫生间（家庭卫生间）建设工作方案》，指导各地旅游厕所建设改造设计在遵循国家标准的同时，突出贵州地域文化和民族特色，并与环境景观相协调，推进第三卫生间（家庭卫生间）建设。以《贵州生态文化旅游发展创新区产业发展规划》为目标，各市州紧紧围绕“十三五”规划编制，对现有厕所分布、使用情况进行详细普查，将旅游厕所建设改造纳入城镇、交通、旅游等相关规划，力争通过三年时间，实现旅游景区景点、旅游线路沿线、交通集散点、乡村旅游点、旅游餐馆、旅游娱乐场所、休闲步行区等旅游厕所基本达到 A 级标准。

贵阳市编制了《贵阳市旅游厕所图集》，收集国内外比较有特色、有亮点的旅游厕所，设计出不同类型的旅游公厕样图，为旅游行政管理部门和旅游企业提供参考。遵义市结合文化特色和各旅游景区的地域性特点，统一规划了六种不同建筑风格的旅游厕所建设图纸供地方建设参考。安顺市结合历史文化和地域特征，突出山地旅游和景区特点，注重建筑风格与环境相协调，外观彰显石头建筑风貌和屯堡风貌，主要建筑材料选用当地特有石材和木材，规划布局遵循保护生态、因地制宜等原则。

贵州省以《贵州生态文化旅游发展创新区产业发展规划》为指导，将旅游厕所建设管理作为旅游公共服务体系的重要内容，纳入贵州“十三五”旅游发展规划和各地城乡基础设施建设规划；对照《旅游厕所质量等级划分与评定》（GB/T18973—2016），制定印发了《贵州省 A 级旅游厕所质量等级标牌设计方案》、《贵州省 A 级旅游厕所质量等级标牌编码规则》，指导各地开展厕所革命管理工作，规范了全省 A 级旅游厕所等级标牌。

三 强化管理提升厕所品质

（一）媒体传播

贵州为全面展示该省旅游厕所建设管理推进情况、成效和成果，组织专业拍摄团队，制作“2015 年贵州省推进旅游厕所建设专题片”。组织《贵州日报》、多彩贵州网、贵州省旅游局网站等媒体全方位、多角度地宣传报道旅游厕所建设情况。各地开展丰富多彩的宣传活动，营造建设和管理旅游厕所的氛围，引导公民养成健康文明的生活方式和旅游方式，鼓励社会各界人士为旅游厕所建设和管理出谋划策，推进旅游厕所规范化管理。根据国家旅游局开展“百城万众厕所文明宣传大行动”活动安排和省政府工作部署，每年组织九个市（州）同步举行“百城万众厕所文明宣传大行动”启动仪式，省政府分管领导出席启动仪式并宣布启动，贵州省各市州、贵安新区开展了为期 100 天的“文明如厕，从我做起”厕所文明宣传大行动。各地以深入开展厕所文明宣传大行动为契机，贯彻落实全域旅游发展的理念和要求，着力提升旅游服务环境，贵州旅游“厕所革命”不但实现“首战告捷”，更为“山地公园省·多彩贵州风”满意旅游品牌打下了全新天地。

（二）培训提升

贵州以培训《旅游厕所质量等级的划分与评定》为抓手，在该准则颁布后，邀请国内厕所行业专家和技术专家，对省级和市级旅游厕所质量等级评定专家、九个市（州）及贵安新区、省直管县旅游部门分管负责人、业务科室负责人及省市级旅游厕所评定相关人员共40人进行授课，开展国家A级旅游厕所标准和旅游厕所等级评定培训，省文明办就厕所革命和满意旅游作为现场指导，实施《旅游厕所质量等级的划分与评定》（GB/T18973—2016）标准，将全面提高全省旅游厕所建设水平。通过三年的建设，贵州旅游厕所建设迈上了新的台阶，在全国“厕所革命”的风潮中熠熠生辉。

（三）督查推动

为推进厕所革命，“努力补齐这块影响群众生活品质的短板”，该省制定了《贵州省旅游厕所质量等级管理办法（试行）》，将旅游厕所分类型、分地区并分等级、编号管理，规范了全省旅游厕所质量等级管理建设。坚持按照“一月一调度、一月一通报、半年一小结、一年一总结”的管理要求，安排责任心强、业务素质高的同志负责旅游厕所日常工作，加强旅游厕所建设调度工作，及时掌握旅游厕所建设进度。

2016年4月，贵州省政府督查室会同省旅游发展委组成了5个暗访督查组，抽查了全省各地的景区、高速公路服务区、火车站、酒店、餐饮服务店等旅游厕所41座。贵州省分管旅游的副省长亲自带队赴遵义市和铜仁市以游客身份对旅游服务及厕所建设管理等工作进行了暗访和突击检查，并分别在遵义市和铜仁市江口县召开全省旅游服务工作约谈会，对在4月22日至24日省政府督查室和省旅发委联合组织的旅游服务暗访督查中发现问题较多的市、县政府进行约谈。6月13日至17日，贵州省旅游发展委联合省相关部门组成三个检查考核组，结合“文明在行动·满意在贵州”和“多彩贵州文明行动”，采取多部门联合、跨区域交叉、明察与暗访相结合的形式，再次对全省各地旅游厕所整改情况进行了检查。

2017年，按旅游扶贫新要求，打造游客满意的旅游品牌，贵州以游客满意视角提升旅游公共服务要素和环境质量，推进旅游厕所打造“满意旅游”品牌。分管副省长亲自带队赴毕节市、安顺市和黔南州以游客身份对景区、高速公路等厕所建设管理等工作进行了暗访和突击检查；厕所革命工作已列入省直目标绩效考核重点项目，按照每季度委托第三方检查机构随机抽查旅游厕所建设情况，促进了全省厕所革命有序建设管理；委托第三方复核旅游厕所等级评定结合，全面掌握各地旅游厕所等级评定情况，把控旅游厕所等级关，进一步推进旅游厕所按《旅游厕所质量等级的划分与评定》建设，提升服务质量；把厕所革命工作纳入A级旅游景区申报和复核条件，切实深入实地检查旅游厕所建设管理存在的问题，现场组织相关单位落实整改措施。

山西省：推进厕所革命示范工程

李超宇*

自2015年“旅游厕所革命”工作开展以来，山西省旅发委将“厕所革命”列入年度重点工作计划，通过责任传导、机制创建、监管强化、奖补激励等举措，扎实有序推进旅游厕所新建改建工作。2015—2017年全省累计新建改建旅游厕所2784座，其中2015年实际完成748座，2016年实际完成797座，2017年实际完成1239座，连续三年均超额完成预定目标。为山西省逐渐补齐了影响群众生活品质的这块短板，促进了当地人民群众生活环境的改善，厕所革命逐渐成为山西省公共服务建设的示范工程。

一　政府主导，确保厕所革命高质高效推进

山西省厕所革命的推进按照“政府主导、政策先行、科学规

* 山西省旅游发展委员会产业发展处副处长。

划、督导落实、高质高效、管理先进、以点带面、整体推进”的建设思路，省、市、县三级联动，齐抓共管，压茬推进的同时，政企（景区）通力协作，形成合力，全民共建，实现了旅游景区、旅游线路沿线、交通集散点、旅游餐馆、旅游娱乐场所、休闲步行区等地厕所全部达标的目标，初步形成了数量充足、干净无味、式样精巧、环境协调、设施完善、功能集成、服务优质的厕所服务体系。

山西省党委及政府领导对厕所革命工作高度重视，多次作出批示。山西省旅游发展委与国家旅游局签订年度厕所建设任务书后，为进一步传导压力，层层压实工作责任，省旅发委分别与各市旅发委签订年度厕所建设任务书，并纳入年度考核指标。每年均组织召开专题会议，对全省旅游厕所建设进行安排部署，并将厕所革命工作列入山西省旅发委重大事项督办台账，要求各级管理部门每半月汇报一次进展情况，形成了全省上下齐抓共管，合理推动的良好工作格局。

为保证厕所革命工作的顺利、高效推进，山西省旅发委不断强化对厕所革命工作的督查指导，推动工作落实。每年会多次通过明察暗访、专项督查等形式对各地旅游厕所推进情况进行检查。仅2017年以来就开展了多次检查，2017年4月根据《国家旅游局办公室关于开展全国厕所革命督查检查工作的通知》要求，山西省旅发委针对省内各市2015年以来旅游厕所申报数量与实际建设情况、全省5A级景区第三卫生间建设情况及全省旅游厕所的管理服务情况组织各市开展了自查自纠工作，通过查阅资料、实地检查、交叉检查、暗访等形式进行督查；5月11日—14日陪同国家旅游局督查组采取随机抽查的形式对山西省部分市开展厕所革命督查；11 月组织专家并抽调各市旅游系统工作人员组成厕所革命工作专项督查组，对全省旅游厕所年度任务推进情况进行了大规模的明察暗访，督导推进各地旅游厕所建设。

二 目标明确，推动厕所高质量标准化建设

按照国家旅游局印发的《全国旅游厕所建设管理新三年行动计划（2018—2020 年）》，山西省旅发委组织制定了《山西省“厕所革命”实施方案（2018—2020 年）》，《实施方案》聚焦黄河、长城、太行三大旅游板块，明确提出要坚持加快推进厕所革命。方案提出到 2020 年，持续推进“厕所革命”，三年内在完成国家旅游局 1698 座计划任务的基础上，再新建和改造 802 座，全省共新建和改建厕所 2500 座。其中 2018 年力争完成总任务量的 40%，2019 年力争完成总任务量的 30%，到 2020 年底全部完成总任务量。厕所革命实施过程应对贫困地区重点倾斜，倾斜比例 15%，即 2500 座厕所中要有不少于 375 座建设在贫困地区。厕所革命在山西省将成为一项长期性的基础建设工程，随着各项行动规划的落实，山西省的厕所建设将成为当地民生改善、旅游业发展的重要因素。

山西省在推进厕所革命的过程中，始终重视厕所建设的标准化工作，不仅向各市明确了旅游厕所建设基本标准，要求各建设单位严格按照标准进行建设，提高厕所质量，而且将旅游厕所建设管理与景区标准化建设工作挂钩，实行一票否决，将景区旅游厕所建设管理情况纳入全省 A 级旅游景区评定以及旅游业发展指

标体系考核范畴。为了指导全省旅游厕所的标准化建设，山西省旅发委还开展了《乡村旅游厕所标准规范》山西地方标准化研究工作，预计将在 2018 年批准实施。多项标准规范的落实，有望彻底解决地方在厕所革命推进中所涌现出的盲目杂乱、技术落后等问题，为各地厕所建设探索出有益经验。

三　典型示范，创新激发新活力

为了大力推动“厕所革命”按“高标准、高效率、高效能”的要求快速高质开展，山西省一方面积极发挥政策引领作用，主动监管，强化建设标准外，山西省旅发委还采取了一系列的激发举措。

为了激发舆论，山西省旅发委通过广泛发动媒体，打好舆论宣传的主动仗，为营造全社会关注、全社会参与“厕所革命”工作的良好氛围注入正能量。山西新闻在 2017 年 11 月 28 日以“‘厕所革命’无小事 补齐短板大情怀”为题，第一时间对习近平总书记的指示做出宣传报道；《山西日报》以头版头条先后发表《抓好“厕所革命”这件“小事”》和《用钉钉子精神补齐民生短板——习近平总书记倡导推进“厕所革命”》等文章，深刻阐述了“厕所革命”与山西深化转型发展的重大意义，引起社会热烈反响和共鸣；山西其他媒体也对“厕所革命”相关工作进行了跟进报道，在全省内营造出厕所革命建设的舆论氛围，凝聚起全社会对厕所革命建设的共识。

为推动厕所革命建设，山西省上下通过创建奖补激励机制，发挥典型引领示范，不断为推动全省“厕所革命”进程注入新动力。2017 年晋城市人民政府在《2017 年全域旅游启动行动计划》中明确提出了奖补新建 3A 级旅游厕所 20 万元，2A 级旅游厕所 10 万元，泽州县设置了县级的旅游厕所奖补办法，2017 年发放奖补资金 134 万元，奖补旅游厕所 22 座，每座旅游厕所奖补 5 万—8 万元。长治市发改委启动乡村旅游建设资金 300 万元，支持平顺神龙湾景区新建了 10 座旅游厕所。2017 年临汾市在全国全域旅游建设现场（视频）会上作了典型发言，并荣膺“厕所革命优秀城市奖”。乔家大院在第四次全国厕所革命推进大会上被评为“厕所革命人文关怀五大理念代表单位”，雁门关景区被评为“宣传引导五大力量代表单位”。这些举措和荣誉极大地推动了山西省“厕所革命”的进程。

山西省厕所革命取得阶段性成果的另一关键因素就是重视创新，在厕所建设中融入文化基因，集成服务功能，积极推动第三卫生间建设，为山西省“厕所革命”提质增效注入新活力。洪洞大槐树、晋国博物馆、云丘山、人祖山等景区创新旅游厕所技术管理机制，极大地满足了各类人群的不同需求。洪洞大槐树景区在设计上突出移民文化理念，青砖灰瓦殿亭样式的“解手场”与景区建筑协调一致，完美融合。一座公厕，一种造型，透射出一种人文情怀。大同市火车站新建第三卫生间，集公共卫生间、饮水间、管理间、环卫休息室、设备间、ATM 等于一体。2017 年晋城市新建带有第三卫生间的旅游厕所 26 座，太原市建成 12 座第三卫生间。皇城相府、乔家大院、洪洞大槐树、晋国博物馆、昔阳大寨、寿阳祁寯藻等景区均建设了第三卫生间。运城市在永济市和芮城县全面启动“第三卫生间”的建设工作。通过各部门的共同努力，全面推进，山西省厕所建设呈现科学规划，合理布局的良好局面，基本实现对景点、步行街、集散地等地厕所的合理建设。

四 部门联动，探索厕所建管新模式

为调动旅游厕所革命建设积极性，山西省旅发委与省财政共同研究，从坚持有利于调动厕所建设积极性、有利于建设高标准厕所、鼓励第三卫生间建设的出发点，通过专项转移性支付方式下拨省级旅游厕所建设补助资金 2000 万元，同时要求各市加强资金管理，保证专款专用，加大对专项资金使用情况的督查力度，坚决贯彻公平、公开的原则，确保奖励政策连续性、稳定性。

山西省厕所革命推进中，山西省旅发委先后与发改、国土、住建、环保、市政、环卫、交通、金融等部门积极沟通对接，有效结合新型城镇化建设、交通建设、旅游扶贫等政策措施，积极协调解决旅游厕所建设过程中所涉及的土地、融资等难题，充分发挥了各部门的职能效应，形成了厕所建设多部门联动的工作局面，有效解决了厕所建设中遇到的各种政策性困难。

针对资金短缺、管理不善、技术落后等导致的厕所建设问题，山西省积极引导鼓励民间资本投入旅游厕所建设管理，鼓励各地创新旅游厕所建管模式。如长治市的壶关县太行山大峡谷景区在厕所管理方面积极探索，不断规范与创新景区厕所管理制度，成立景区厕所保洁队，专门负责厕所的日常清洁维护，制定了相应的奖罚机制，对厕所管理进行三级监督，景区专职管理人员每天检查、景区负责人日常巡查监督，县局不定期地抽查；又如通天峡景区与一家广告公司达成合作意向，免费出租厕所管理间和出让厕位广告经营权，广告公司负责厕所的日常保洁维护，成为旅游厕所管理模式的典范。山西省通过鼓励各地因地制宜全面探索推广“以商管厕、以商养厕”新模式，广筹资金、搞活机制，以承包经营、授权商业广告、企业冠名赞助以及专业厕所管理公司连锁经营等方式，保障了厕所经营与管理的持续发展，使厕所在满足基本需求的前提下有商可营、有钱可赚，这也将成为未来厕所革命持续推进的可行模式。

公共厕所建管的市场化之路怎么走？

邢丽涛[*]

全国厕所革命如火如荼，众多企业在国家旅游局引领下积极参与，市场化建管模式的优势逐渐凸显。那么，当前中国厕所建管有哪些值得关注的模式？这些模式从何而来？未来厕所建管的市场化之路又有哪些趋势？

就此，笔者梳理了厕所建设和管理方面比较流行的三种商业化模式，包括：政府和社会资本合作（PPP）模式、鼓励市场化的企业承包经营模式以及厕所管理认养模式。

一　PPP 模式：政企合作互利共赢

PPP 模式可以说是近期最热的话题之一。厕所革命应该如何运用好 PPP 模式，调动民间资本实现可持续的投入？有着不同建

---

* 中国旅游报记者。

管需求的景区，又该如何创新引入 PPP 模式？

PPP 模式是 Public-Private-Partnership 的字母缩写，是一种公私合营模式，是指政府与私人组织之间，为了合作建设城市基础设施项目，或是为了提供某种公共物品和服务，以特许权协议为基础，彼此之间形成一种伙伴式的合作关系，并通过签署合同来明确双方的权利和义务，以确保合作的顺利完成，最终使合作各方达到比预期单独行动更为有利的结果。

综观全球，德国瓦尔公司运用 PPP 模式，成功改造了全柏林的厕所。有专家指出，对于数量多、投资大、管控相对较难的旅游厕所来说，单纯依靠传统的政府建设时代已经一去不复返了，PPP 模式作为公私合作的模式，势必成为旅游厕所建设的有效方式之一。北京蓝洁士科技发展有限公司董事长吴昊表示，开发运用 PPP 模式，最核心的问题是政府把开发建设全权交予运营商，让其统筹厕所的各项建设工作，而政府则做好监督工作，将效率最大化。

目前，在旅游厕所建设应用 PPP 模式方面，中国光大集团光大置业有限公司在崂山风景区开展的生态厕所项目工程备受业界关注。

山东省在《旅游厕所建设管理实施方案》明确指出，旅游厕所的新建和改建可按照“谁投资、谁受益”的原则，推广政府与社会资本合作的 PPP 模式，吸引社会资本投资旅游厕所建设。

其中，光大置业有限公司与山东省青岛市崂山区政府、青岛市崂山风景区管理局达成协议，在崂山风景区打造生态厕所示范工程项目。此次合作是推广政府与社会资本合作的 PPP 模式的一次实践，旨在吸引社会资本投资到厕所建设当中。

中国光大集团光大置业有限公司副总经理、生态环保事业部总经理颜建国介绍，崂山生态厕所项目参照PPP合作模式，由光大全程负责项目融资、投资、建设、移交、运营工作，政府在工程竣工验收后分期回购，并委托光大和政府合资的公司开展长期经营管理。光大借鉴全球公共卫生间卫生与设施标准，研究国内旅游厕所质量等级要求，把新理念、新工艺、新材料、新技术、新设备“五新元素”运用到首批光大生态厕所建设中，打造出具有标准化、生态化、无味化、智能化、效能化的“五化生态厕所”。

对于双方的合作如何体现“利益共享和风险共担”，光大置业青岛项目部负责人曾颖表示：“利益共享是企业在厕所建设过程中起码要收回建设成本，在此基础上企业帮助崂山景区提升旅游接待服务质量，提高景区效益以及同业示范效应。”在风险共担方面，曾颖坦言，旅游厕所的后续运营一定是在满足双方利益的情况下，通过成立合资公司的形式来进行管理和维护。

对主管部门而言，此举也是一举多得。崂山风景区管理局副局长苏本江表示，引入PPP模式，通过引进社会资本和技术，参与旅游配套设施投资和运营，改变了过去完全由政府包办公益基础设施投资、建设、管理等传统做法，极大地节约了政府的人力物力投入，有效降低了行政运行成本，提高了旅游公共服务质量，对于建设“美丽崂山”、打造崂山旅游品牌具有重要意义。

二　企业承包：公益为本多元经营

在管理学中，承包经营是指企业与承包者间订立承包经营合同，将企业的“经营管理权”全部或部分在一定期限内交给承包者，由承包者对企业进行经营管理，并承担经营风险及获取企业收益的行为。

专家表示，承包经营管理是解决部分企业因经营管理不善导致亏损的一种补充措施，对于面临经营压力的企业而言，将部分业务的经营管理权进行合理让渡，有利于缓解企业面临的经营压力，并可能扭亏为盈。对于承包者而言，该模式可以保护承包经营人从事经营并获得收益的权利。

在厕所建管工作中，可以用承包方式解决部分旅游景区面临的公共设施建设需求与经营管理压力之间的矛盾。目前，该方式是实现“以商养厕”的有效实践，并被许多面临公共设施建设压力的地方政府引入厕所建管过程中。

世界洗手间协会中国区主任卞敬洙表示，欧美国家旅游厕所通常由政府出资并交由企业进行运营维护，企业会通过 LED 广告显示屏广告运营等方式来获得收益。

吴昊表示，厕所的开发模式很多，可以建成咖啡店、餐厅等商业空间，也可以建设充电桩等公共服务设施，这些都需要政府给予政策上的支持，但更需要合理让渡经营管理权，让企业实现自负盈亏、多元运营。

“‘以商养厕’具有一定的可行性。近年来，我国厕所革命成功经历了从‘费用承包’到‘以厕养厕’再到‘商厕结合、以商养厕’的发展历程。”在北京大地风景旅游景观规划院研究院副院长、北京大学旅游研究与规划中心访问教授应丽君看来，在厕所建管运营过程中，“以商养厕”最终要依靠市场，以市场导向更有利于实现公厕效益最大化。

专家表示，厕所是旅游公共服务设施，也是重要的基础设施，而伴随市场机制走向相对更加成熟，市场化、社会化的建设管理机制和监督机制也需要加快完善。

应丽君介绍，当前，我国“以商养厕”可采取“多功能综合旅游厕所模式”和“广告养厕”两种模式。

在南昌市，目前共有3座多功能综合旅游厕所，这些公厕地下一层是免费厕所，厕所内有15平方米—20平方米的休闲厅；厕所上面的店面出租做办公用房或另做他用。这类厕所不需要政府提供资金，厕所设施高档、外观漂亮，和城市环境很谐调，而且科技含量也高，深受市民欢迎。

另外，旅游厕所的部分空间也可建成修自行车、自动取款等服务项目的公众服务站，充分利用空间，善于利用空间，建设好多功能公厕，满足人民群众的需求。“如老福山街心花园公厕，我们就设置了洪城一卡通刷卡点，徐坊客运站公厕则加入了银行ATM机，让市民在如厕的同时享受更多的便民服务。”相关负责人介绍。

“通过推行‘商厕结合、以商养厕’的办法，可以增加经济效益，降低旅游厕所的管护成本。”应丽君说。

而在“广告养厕”模式方面，德国柏林的城市厕所模式是一个颇有特色的商业模式，通过多元化经营，墙体广告位招商，配套一些服务设施或建成购物点、餐饮点等，做到“以商养厕”，不仅维持了正常运转，而且经营者收益颇丰。

不难看到，能否让企业在合规合法范围内放手去干，能否在保障厕所公共服务职能的前提下充分释放厕所商业化的活力，对我国厕所革命运营的效果有着重要的影响。

三　认养模式：社会动员共建共享

认养模式最早起源于农业领域。农业认养是郊区农民将田地分成大小不等的区域，以一定价格租给都市人，以供都市人在空闲时间来郊区体验农业文化与农业技术的一种旅游方式。

记者调查发现，关于认养模式，开平碉楼和石家庄园林局均做过尝试。

为保护年久失修、残破不堪的“开平碉楼”，2010 年，福建开平市曾出台了《开平碉楼认养须知》，探索认养这种商业开发模式，提出认养者将享有碉楼的使用、监护和冠名权。碉楼管理方式将由原来单一的“政府托管”，转变为“政府托管”与“民间认养”相结合。

无独有偶，2012 年，石家庄园林局曾开展过绿地认养活动，创新了城市绿化管理。“创新”得益于 2012 年 3 月 1 日正式实施的《河北省城市园林绿化管理办法》，其中明确规定：“鼓励单位和个人以投资、捐资、认养等形式，参与园林绿化的建设和养护。捐资、认养的单位和个人可以享受绿地、树木一定期限的冠名权。”据悉，石家庄绿地认养不改变绿地产权关系，但认养企业可根据绿地面积大小，享有竖立标志牌或为绿地冠名的权利，在一定程度上破解了城市建设管理中的难题。市园林部门人士表示，鼓励个人或单位参与绿地认建认养，不仅能通过社会力量绿化城市，巩固绿化成果，还能培养市民的绿化意识、环保意识，增强社会公德。

厕所的认养模式指的是通过机关、企业、学校、社会团体甚至个人自愿提供经费或人力，协助厕所管理单位对其认养的厕所进行维护与管理。有专家表示，创新“认养”将改变过去“政府托管”的单一模式，对厕所建管具有重要意义，有助于盘活资源。

如今，厕所革命正在由城市走向全国城乡，乡村旅游发展过程中，认养模式对于厕所革命建设有着重要的借鉴意义。

河北苟各庄村依托野三坡百里峡景区发展乡村旅游，全村95%以上农户从事农家乐经营活动，是通过旅游途径脱贫致富的典型村子之一。苟各庄村探索建立了乡村厕所开放联盟和认养模式，目前已有40多家单位加入联盟，由野三坡旅游投资有限公司统一认养。

据悉，“保定野三坡乡村旅游厕所开放联盟”成立于2016年3月，首批48家旅游经营商户和2家事业单位加入了联盟，联盟成立了理事会，确定了入会标准、程序，制定了管理章程和服务公约，专门设计了厕所开放标识。

涞水县野三坡旅游投资有限公司承诺认养所有开放联盟的厕所，并对每个厕所每年给予1000—3000元的资金或实物补贴，这是一种全新的“认养”模式。

该厕所联盟负责人接受记者采访时表示，“我们响应国家号召，希望通过努力，让这里的环境更优美，让全域旅游更开放。”

专家表示，苟各庄村的模式，将有助于各地总结借鉴乡村厕所建设管理的经验，有助于促进各地加快推进厕所革命，也有助于各地探索全域旅游发展新途径。

当然，厕所革命建设并没有固定的模式可循，仍需相关部门和企业共同探索。我们有理由相信，在全国厕所革命的大潮中，必将有更多的模式不断涌现，顺利实现厕所“数量充足、干净无味、使用免费、管理有效”的目标。

设计创新助力厕所革命落地

徐　宁*

新一轮的厕所革命，已经从旅游厕所扩展到全域，从城市扩展到乡村，从单一厕所建设扩展到城乡建设、生态治理、科技创新的系统化工程，成为美丽中国、乡村振兴，提升社会文明、健康和生活品质的重要标志和手段。

2015 年，由宜居中国设计创新联盟作为牵头单位，采取定向邀请与自愿报名参赛结合，组织从事城市和景区规划、建筑设计，以及与旅游厕所相关的科技、环保等技术、产品的专业团队，参与到国家旅游局举办的第一届全国旅游厕所设计大赛中，共有由设计院/机构、环保科技企业、卫浴企业，已经在“以厕养厕”上有实操案例的农业旅游公司，以及香港设计团队等组成的 13 个团队提交了 21 件参赛方案，共有 5 个方案（含与第三方合作提案）获奖。

所有参赛方案，无论是否获奖，设计单位都在形式生动实用、功能与空间利用合理、使用节能环保型建筑材料、合理应用

* 宜居中国设计创新联盟秘书长。

厕所新技术等方面做足了功课，充分展示了旅游厕所先进设计理念，体现出人性化、环保节能、经济合理、可持续使用和维护成本低、与自然环境易融合和符合地域特色等要求，其中不乏已经建设完成投入使用的案例，以景区需求出发、设计完成即落地实施的真实方案，以及先进科技、节能、环保技术应用方案。

在三年后的今天，我们欣喜地看到，有些方案已经在更多的项目中实施推广，有些初步设计概念方案已经落地生根，更有越来越多的满足不同地域、气候、城市、乡村、景区、民居等各类需求的厕所设计产品层出不穷。希望通过重点方案和项目案例的介绍，能使设计创新成为推动厕所革命的有效助力。

方案一　自然之轴

设计单位：上海宜来卫浴有限公司（曾获第一届全国旅游厕所设计大赛三等奖）

与以往的封闭式设计不同，这份作品打破了传统守旧观念，大胆采用开放式顶部和环形空间设计概念，在满足使用需求、人性化设计的基础上，秉承“与自然相融合”的核心概念，让景区的自然美景与厕所风格和谐统一，使之成为令人放松且舒适的另一道独特风景。

结构特点

独特的圆形设计，在保证如厕私密性的情况下，采用开放式的房顶设计，使采光效果大幅提升，又增强通风力度、疏散异味。考虑清洁方便，“自然之轴”的下端设计成可以拆卸方式，

图 1－1 自然之轴，上海宜来卫浴有限公司设计，曾获第一届全国旅游厕所设计大赛三等奖

方便对树轴内部的清理。仿木质的外墙材料与中央透明立柱结合，在设计上展现了强有力的视觉效果。

图 1－2 自然之轴内部设计

布局特点

双入口的布局，有效缓解如厕拥堵；内圈为男士区，外圈为女士区，大比例扩展女士厕位，缓解女士等待时间；入口位置设有无障碍厕位，女士区加设母婴区，充分体现人文关怀和使用便捷。

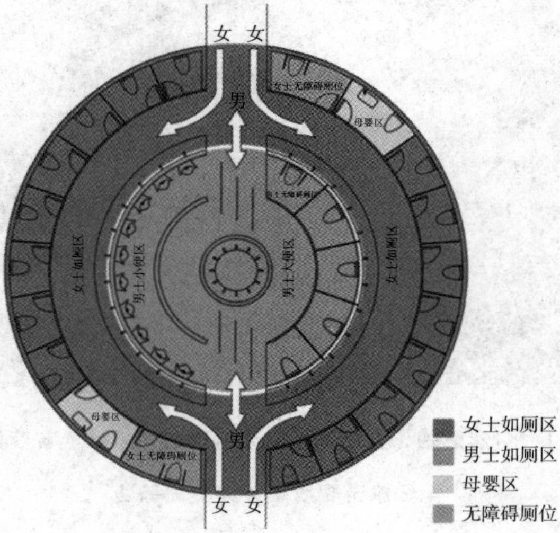

图 1－3 自然之轴平面

图 1－4 自然之轴巧妙的双入口设计

功能亮点

开放式喷泉房顶设计，在遮雨的同时还具备雨水收集和过滤功能，利用内循环系统进行再次利用，辅助如厕用水；男女士中间的隔墙，具备蓄水功能，可将洗手后的废水辅助冲洗男士便器，降低水资源耗费。

A 对露天区域起到遮雨功效

B 收集雨水，进行再利用

图 1－5 自然之轴设置的雨水采集系统

图 1－6 内部循环系统

方案二　中德生态园旅游公厕

设计单位：笔墨团队中德组（曾获第一届全国旅游厕所设计大赛三等奖）

方案选址于青岛经济技术开发区的中德生态园。利用青岛特有的自然环境特征，即天然岩石作为概念主题，将这一独特而又具体的形象转化演绎为该旅游公厕的设计概念。公厕如一块“折板”平铺在岸边，释放空间，减少建筑对园区环境带来的压力，同时最大限度地争取主要景观面可视界面的面积，积极参与园区生态系统与公共环境的建构。

图2－1　中德生态园旅游公厕外观设计

设计特色

建筑以“水”“船”“石”作为原型，体量如同一块规整切割周边后的折板，轻盈而不失力量，整体含蓄大气，积极地融入于环境之中；同时，“折”形的流线丰富了游客的行走体验与乐趣，建筑的功能与形式高度统一。

图 2-2 中德生态园旅游公厕，“折”形的流线丰富了游客的行走体验与乐趣

生态维护

借鉴古典园林的构景方法——框景，通过不规则的开口与竖向隔断，控制光线的入射与赏景角度，增加了建筑的空间层次，形成多种空间体验。

景观场地充分考虑现有场地与地形，在厕所前设计小型生态湿地和架空悬挑空中栈道、偏舟停靠，既可以为游人做服务设施，或设为游人临时休息场所，也减少人工建设对自然的生物迁徙景观廊道的阻碍。

节能环保

本设计夏天采用风机盘管系统，冬季采暖采用低温辐射供暖，冬夏两季共用一台主机，主机为集成型风冷热泵机组，依靠主管上的阀门进行切换，集成度高、占地要求低，较高的 COP 使

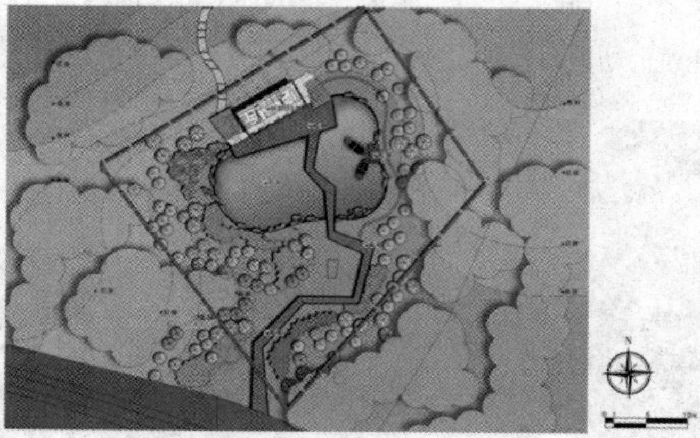

图 2－3 中德生态园旅游公厕规划

其满足室内外冷热负荷并节省了更多电能。同时，在建筑表皮采用了光电玻璃与光伏太阳能板，设计中使用了节水洁具、雨水收集、污废分流、中水回收等技术手段，大大提高了绿色节能系数。同时，在设计中采用了 BIM 模型全专业协同。

＊后续跟进——笔墨团队中德组青岛项目

1. 青岛市黄岛区近几年重点工程项目运作顺利，城市建设亮点频出，但建设年代较早的区域和路段、居民楼院内设施陈旧，缺少公共厕所，生活不便利。旧小区环境综合整治工程已经成为一项与居民生活和城市整体发展息息相关的、刻不容缓的民生工程。因此，黄岛区 2015 年在一些人员密集路段修建 16 所公厕。

2. 2017 年青岛市红岛经济区按照计划改建完成了公厕 12 座，并启动了公厕新建工作，目前已按照程序完成招标工作，预计 2018 年 4 月底之前完成。下一步还将按照“一次性做足”的原则，计划再启动 47 座公厕建设，提高环卫基础设施水平，进一步塑造宜居宜业城市的良好形象。

图2－4　青岛市黄岛区城市公厕设计

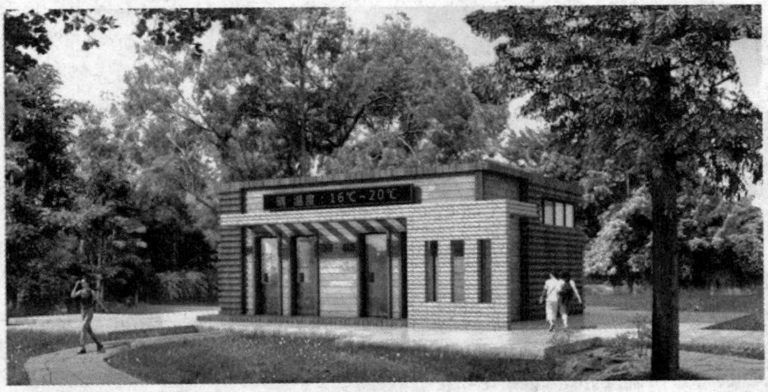

图2－5　青岛市黄岛区城市公厕设计

图2－6　青岛市红岛经济区城市公厕设计

方案三 模块化卫生间

设计单位：北京市建筑设计研究院有限公司

作为专业建筑设计团队，本方案采用标准装配模块化设计，可通过工厂批量定制，施工方便快捷，便于维护，尽量减少施工对景区环境的影响。试图通过对传统景区卫生间的重新定义，使之成为景区内的优质景观，使游客获得良好的出游体验。

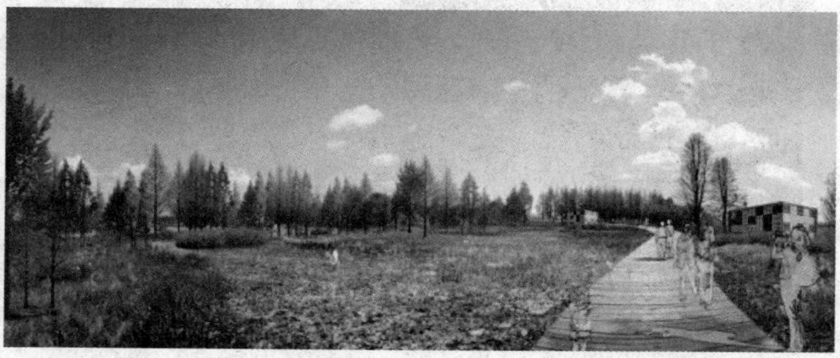

图 3-1 模块化卫生间应用场景效果

结构特点

在结构上，每个模块各自独立成体系，内设洗手盆、坐便器、置物台灯，既可单独使用也可拼接组合，以适用于不同地理环境、使用环境和需求。模块通过 8 根立柱构成基本骨架、5 种不同尺寸的围护结构，在模数基础上可以演变出 B、A'、B' 等一系列模块。

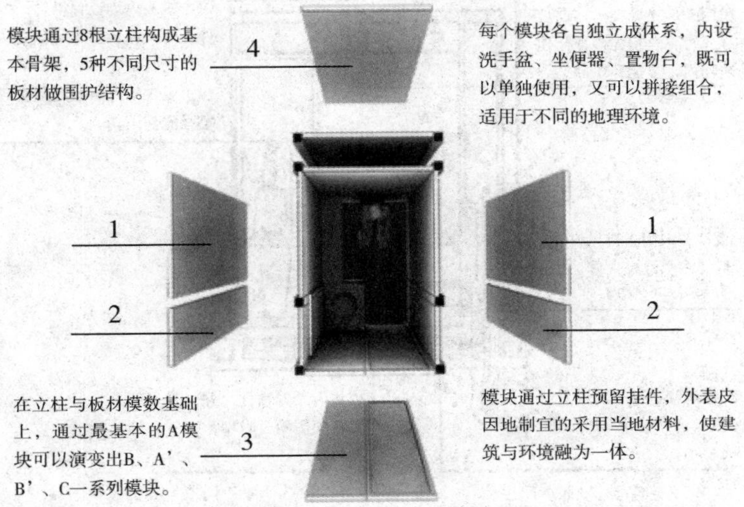
模块通过8根立柱构成基本骨架，5种不同尺寸的板材做围护结构。
4
每个模块各自独立成体系，内设洗手盆、坐便器、置物台，既可以单独使用，又可以拼接组合，适用于不同的地理环境。
1
2
1
2
在立柱与板材模数基础上，通过最基本的A模块可以演变出B、A'、B'、C一系列模块。
3
模块通过立柱预留挂件，外表皮因地制宜的采用当地材料，使建筑与环境融为一体。

图 3－2　模块化卫生间内部机构设计

节能环保

卫生器具采用光控延时自闭开关，无须手动，避免公共场所病菌接触感染，并考虑老人、儿童和残障人士对地面防滑、轮椅踢脚、方便扶手等特殊使用需求；卫生间采用节水型卫生洁具，根据当地气候条件可采用太阳能、风力发电等形式存储于蓄电池用于建筑内用电设备供电等；地面设置排水欠槽，以自然通风为主要换气方式，以保持室内空气环境；每个模块采用独立排水管，可根据景区或使用地条件选择适宜的后端处理方式。

环境协调

在根据使用需求进行模块组合后，建筑外表皮因地制宜采用当地材料，尽量使建筑与环境融为一体。

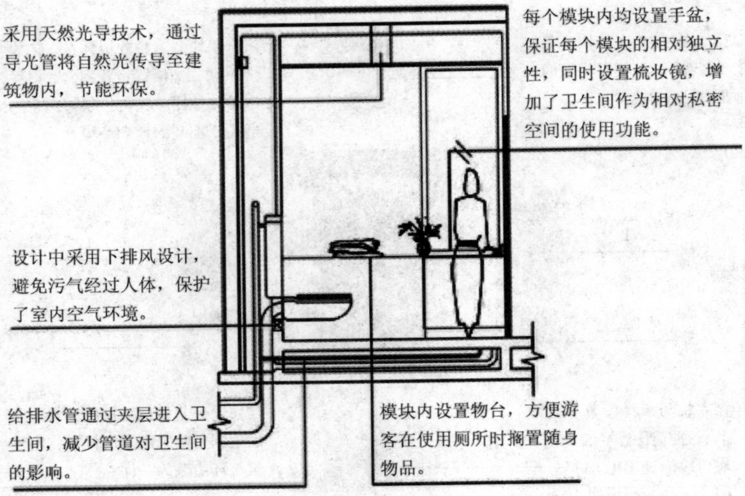
采用天然光导技术，通过导光管将自然光传导至建筑物内，节能环保。
每个模块内均设置手盆，保证每个模块的相对独立性，同时设置梳妆镜，增加了卫生间作为相对私密空间的使用功能。
设计中采用下排风设计，避免污气经过人体，保护了室内空气环境。
给排水管通过夹层进入卫生间，减少管道对卫生间的影响。
模块内设置物台，方便游客在使用厕所时搁置随身物品。

图 3－3 模块化卫生间内部节能环保设计说明

图 3－4 模块化卫生间外表皮与环境融合效果

＊后续跟进——Lab D＋H 昆嵛山国家森林公园项目

类似模块式设计已经由更多的设计机构在实际项目建设中有

了非常的应用。

昆嵛山国家森林公园是一座方圆百里、峰峦绵延的野生动植物基因库，自然保护区内山高坡陡、沟壑纵横，新设施需遵循最低干预开发（LID）的原则，并应顺应复杂的地势而轻巧地藏置于自然保护区之中。为此，设计师构建了一个单体模块系统，它能够灵活地根据不同地形自由组合，以便适应性地推广至整个自然保护区，并得到昆嵛山国家森林公园保护区管委会的支持。

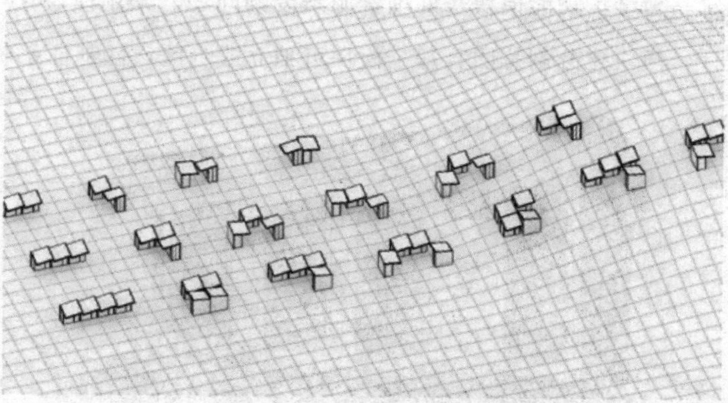

图 3－5　昆仑山国家森林公园模块式公厕示意

图 3－6　昆仑山国家森林公园模块式公厕实景

方案四　自我维护环保厕所系统

设计单位：香港意库设计（Witt Design Network）

SS 代表 SELF SUSTAIND，是不依赖外在系统，能自我维护的意思，特别是针对户外没有完善的水电供应与排污系统的地点，通过配置一套维护功能模块来处理资源与废物问题。采用模块化可延伸设计，模块化分割鲜明，每个模块可独立或者区域性延伸系统。

图 4－1　自我维护环保厕所组合外观效果

结构特点

每一所厕所由厕所模块、维护模块、支架与地基模块、光伏发电模块等组成，男女通用，具有 4 个模块系统，分别是个人独立模块、家庭与残疾人混合模块和维护模块，其中个人模块分别为坐式和蹲式，适合不同需求。

节能环保

主体表面为金属、木材等材质，可重复利用、拆装方便，可

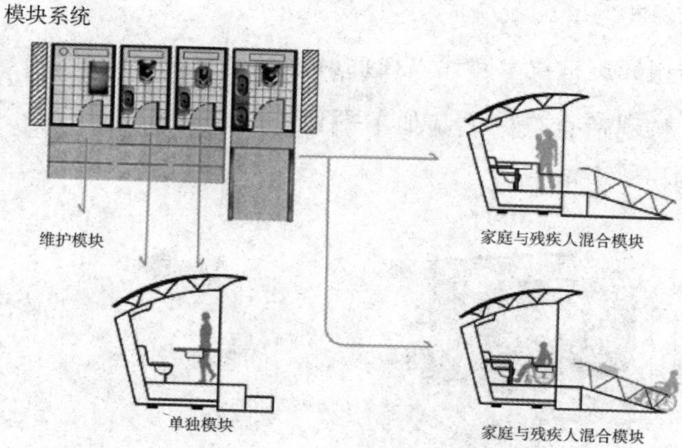

图 4－2　自我维护环保厕所模块体系示意

按照使用需求采用模块化可延展设计。每一组合的厕所按需要配置相应维护功能模块，经导管连接到一个处理中心，形成相应区域的独立维护系统网络。部分可在当地经处理循环利用，也可以集中回收处理。而离网光伏系统又称独立光伏发电系统，具备独立供电及独立储能功能，节能、环保。

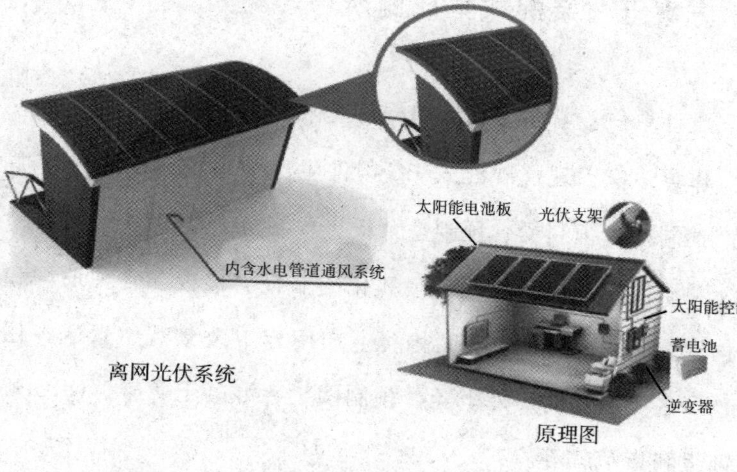

图 4－3　自我维护环保厕所离网光伏系统示意

生态保护

可使用螺旋桩技术替代以往混凝土基础，安全、环保，可重复使用，特别适合景区或其他不平坦地面、湿地、水边环境等，并且不破坏土地生态。

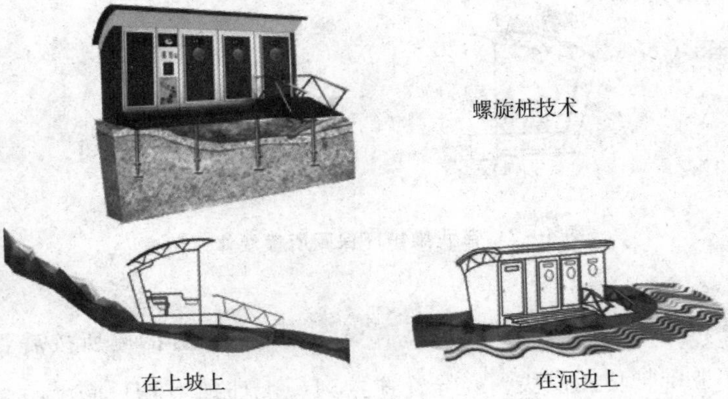

图 4-4 自我维护环保厕所生态保护技术应用效果

方案五 装配式集成厕所

设计单位：常州中铁城建构件有限公司

作为一家以现代装配式 PC 构件生产为主的建材企业，主要生产预制柱、预制梁、预制叠合板、预制剪力墙等“预三板”产品，并研发生产集装饰性于一体化的墙板、挂板、各种地坪和其他构件。并发挥 PC 技术优势，生产用于市政景观、景区、住宅区、厂区等项目的户外坐凳、预制围栏、混凝土廊架、GRC 雕刻装饰板和指示牌等。

为满足城市、乡村建设需要，研发生产了多种全拼装小型建筑，包括适合门卫、岗亭、售货亭，以及各种装配式公共厕所，包括框架结构装配公厕、装配式集成公厕和剪力墙结构装配式公厕，以适合不同场景和使用需求。其中，装配式集成公厕获得江苏省高新产品认定，以集成程度高，室内外精装修、安装一体到位的特点，在常州多处街区和景区应用。

图 5-1　PC 结构装配式小型建筑，可应用于城镇公厕

混凝土框架结构公厕

公厕主体为普通混凝土框架结构，可以品牌瓷砖等材料作为内墙、室内地面装饰，以真石漆等作为外墙装饰，配合优质凤铝窗、金属百叶、pvc 隔板等。相对于传统砖混、现浇公厕，构件现场安装速度快、施工周期短；因工厂化生产可严格把控构件质量，安装完成后平整度高、尺寸精确、误差小；且湿作业量较少，施工环境有保障。

装配式集成公厕

以钢结构、ALC 轻质挂板组成主体结构，可根据需要采用不用内外墙体、室内地面材料，以及配套节水洁具，配合优质凤铝窗、金属百叶、pvc 隔板等。与同类产品相比，钢结构主体、模块化配件，使安装更加迅速；墙体使用 ALC 板，轻巧、安装便

图 5－2 PC 框架结构公厕应用实景

捷；可根据使用需求完成结构设计，空间大、分隔合理、功能性强、设施布置人性化；环境整洁、空气流通性好。

图 5－3 装配式集成公厕应用实景

宜居中国设计创新联盟还将继续整合各方面优秀团队，在后续各地厕所改建、新建项目实施过程中，结合项目实际条件、自然环境、地域特色、使用人群，从区域规划、建筑设计、内部空间设计、节能环保技术、新材料新科技等多方面需求，提供最完善、科学、合理的综合解决方案。

我在天水的厕所革命实践

陈向阳*

2000 年，我在深圳一家瑞典企业工作，认识了 Separett 无水马桶公司老板，Mikael，见到了他们的产品。从那以后，我就起意在中国推广 Separett 无水马桶，希望能借助瑞典技术解决中国水污染和缺水问题，就常常带着马桶参加各地的节水展和环保展。我在电脑上设个文件夹，toilet revolution 厕所革命，把在网上读到的所有关于厕所、关于自来水调价、关于水污染的消息都存在这文件夹里面。

2008 年，我在新浪看到一则消息，潘石屹先生计划为天水一百万学生盖厕所，向全国人民悬赏征集厕所方案。第二天，我就背着马桶从深圳飞到北京，游说他用 Separett 无水马桶给学校盖粪尿分离旱厕。SOHO 中国基金会本打算把天水一百万学生的老旧坑式旱厕全部改成水冲厕所。盖好第一批十座水厕后，发现盖不下去。有些山区学校连和水泥的水也找不到，有些学校厕所外

---

* 哈里逊（深圳）环境技术有限公司总经理。

面的农田所有者不允许直排污水。

SOHO中国基金会设计师黄虹宇和余继红考察过我在汉庭酒店安装的Separett无水马桶后，在SEI（斯德哥尔摩环境研究院）ARNO博士建议下，决定停止在天水学校兴建水冲厕所，全部改为设计与建造粪尿分离式旱厕。2009—2012年，他们共为31所学校建立了粪尿分离厕所，各个厕所配备了30个粪尿分离蹲厕，供约2万名师生使用。

2010年6月，SOHO中国基金会聘请我为他们天水儿童美德教育项目志愿者，为期一年，督促指导广大师生使用新式旱厕。潘石屹先生给学校捐建厕所是SOHO中国基金会儿童美德教育计划的一部分，旨在让孩子们养成讲卫生的美德，从而提高他们的精神境界。

2010年4月，我到天水后，就去拜访了40多个农户，鼓励他们去学校厕所拖运尿液，发展生态农业。受访农民都表示，他们都知道化肥种的农产品没有农家肥种出的好吃，但都担心不用化肥，农作物产量会不够高，没有一个人愿意尝试我的建议。学校的校长对新建的粪尿分离旱厕也不感兴趣。他们说，十年前，学校厕所粪尿可以卖钱，现在没人要。请人用三轮车运走，每车最少80元。政府没有给他们掏粪的预算。

2009年参与鄂尔多斯生态城后期整改工作时，我认识到一切慈善工程必须要有一种能够持续的商业模式，才能让项目本身继续下去。看到没一个农民愿意用学校厕所肥料，我预感这旱厕项目又会失败。

2010年10月，我身上只有最后几百元，买了一张北京到天水的火车票。当时就打算，厕所生态农业在天水不能实现，我就认输，就在天水找座庙当和尚，彻底放弃心中的厕所革命理想。在火车上遇到陕西一个姓支的姑娘。她给我讲了毛旭太博士种苹果的故事，大大鼓励了我。我认识到指望农民自己发展有机农业是不可能的。他们的收入太少，负担不起运输成本。况且即使用尿液种出了好吃的农作物，他们也不能卖出好价钱，还是亏本儿买卖。从毛博士种苹果案例，我得出结论：作为一个小知识分子，只说不练，厕所革命永远搞不成。我决定自己动手用学校厕所尿液种菜示范给农民看看。

2010 年 6 月，我二哥陈红星同我一起在天水麦积区大柳树学校围墙外撂荒地开辟了一片约三亩的菜园，种了豆角、白萝卜、大白菜等。从学校旱厕尿池埋了管道，用水泵把混有洗手水的尿液送到菜地里，水肥一体化种菜，完全不用农药。还说服一个苹果农民用尿液给他家约 100 棵苹果树灌了尿液，一个农民用尿液灌了约 40 平方米辣椒地，一个农民灌了一小片玉米地。

当年，我把 1000 多斤苹果运到深圳后，一个朋友，蓝月堂先生付给我 3000 元买下了那果农种的苹果。所种蔬菜全部给大柳树学校周围村民和学校老师吃了，没有一分钱利润。我也送了一部分苹果给潘石屹先生和他同事吃，他说那是他吃到的最甜苹果。从那以后，我把微博名由“生态卫生厕所”改为“最甜 apple”。

虽然周围农民和学校老师都说我们兄弟俩种的菜好吃，但就是没有一个农民愿意到学校厕所取运尿液发展农业。果农也不愿意到学校厕所收集尿液种苹果，嫌运输成本太高，一车车运上山，一桶桶搬到树底下，太费力气。辣椒农民虽然觉得尿液浇灌的辣椒是历年来最好吃的，但他年纪太大，也不愿意继续去学校厕所取尿液种菜。种玉米的农民也因为没有增加收成而放弃。

2010 年的尿液种菜种苹果试验让我有两个发现。一是洗手水全部进尿池，尿水量太大会增加后续运输负担。二是 600 人的学校厕所一年尿液不够种五亩蔬菜。我向 SOHO 中国基金会设计团队黄虹宇和于继红反映后，她们就更改了设计，只让一小部分洗手水进入尿液池，另外再增加一个水池专门存放洗过手的水。大便收集池也设计成一个开放式的粪坑，人可以走下去收集大便。

2011 年，十个粪尿旱厕全部启用，但我直到 6 月还没找到一个农民愿意去学校厕所取用尿液种苹果。我感觉到，我用天水学校生态旱厕发展生态农业实验没法进行下去。这项目也会像鄂尔多斯生态城一样落个失败的结局。2011 年 6 月中，我向潘石屹先生告辞，合同期满，我要离开天水了，把租的房子也退了。6 月底，就在我离开天水前几天，我遇到一个开着三轮罐车的农民，让他带我找到云雾学校下面果园的老板胡先生。我同胡先生达成协议，我出钱把云雾学校新式旱厕的尿液灌到他的苹果园里，只要他不再用化肥、除草剂、不用激素、不用国家禁止农药，我就把他的苹果按市场价收购。

此后，我就回到深圳家里待了一个月。到了 8 月底，我就要回天水收购苹果。我妻子说："中国、瑞典政府都搞不掂的旱厕事业，你不用再搞了。若你执意去天水摘苹果，我们就离婚。"她还在同一天两次拉我去宝安法院离婚。要不是法官老拉着脸说她老填错表让她不爽，当天我就签字了。

就在我感觉无路可走的那几天，天水一个高姓姑娘在潘石屹先生微博上发现了我。她让我回天水，说愿意帮我出主意卖苹果。8 月底回到天水后，高姑娘让我住在果园里，每天发微博报道果园状况。果子成熟以后，她还帮我草拟广告和微博销售方案。微博广告发出后，经潘石屹一个粉丝梁姑娘转发，不到一个月，12000 斤苹果卖得几乎一个不剩，总收入超过 12 万元。收到的第一个付款，是来自上海的王敏，让我非常激动。那是自 2001 年推广 Separett 无水马桶十年以来，第一次见到回报。在高姑娘指导下，我也成了天水第一个最成功的水果电商。那时天水还没有顺丰、三通一达等快递公司。我把苹果扛到火车站发货，顾客要到他们所在地火车站凭身份证自提。

2011 年底，在安师傅协助下，我同安家庄云雾村的 23 户果农签订了合同。每个果农先给 1000 元订金，要求他们不用化肥、不用激素、不用除草剂、不用国家禁止农药、不套袋子种苹果。我免费给他们提供学校厕所尿液，一年 3 月、6 月、9 月施肥三次。果子成熟后，我按市场价全部收购。

2012 年清明节，我给潘石屹先生讲了 2011 年种苹果的故事。潘先生把我的苹果故事发到微博上，微博粉丝一晚上多了 3000 多个，他们都问我的苹果如何卖，在哪里买。4 月 9 日我开始在微博发广告预收苹果款。到苹果成熟前，共收到 80 多万元苹果订金。这可能是天水有史以来最大的订单式农业案例。发广告收钱那天，苹果树还没开花呢！

有了广大消费者的预付款，我买车的贷款也还清了，也有钱聘请工人把所有新式旱厕尿液全部拉到安家庄，免费给 23 个农民当肥料。

2012 年，全年销售收入高达 130 万元，约 3000 人买过我们的苹果和樱桃。农民收入增收 20% 以上，化肥减量 60%。安家庄的果农安谋生对来访的德国朋友说，他种苹果几十年，收入最高

@最甜 apple 用我们建的旱厕肥料种的苹果，苹果长的小，没有上化肥大，但很甜。他告诉我，去年他的苹果销到了全国各地。学校边上的果农赚钱了，他也赚钱了。我对他说，你们苹果靠千万不要上任何的化肥，要及时的发货，一定要对得起大家对你的信任。他说，请放心，没有问题，我们用的肥料是童子尿。

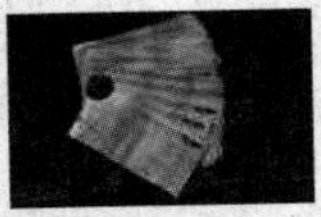

2012-4-4 21:17 来自 微博 weibo.com

收藏　　转发478　　评论468

图1　潘石屹 2012 年 4 月 4 日微博

的时候，一亩地收入才 5000 元。同我合作后，那年达到了每亩 8000 元。

潘石屹微博喊了几嗓子，就帮我实现了“厕所革命 + 送肥扶贫 + 农业电商”的扶贫模式。2012 年，对我来说，不是所谓的世界末日，而是我厕所革命死而复生的转折点。2013 年，我的销售收入达到 140 万元，微博粉丝超过 2 万，前后有近一万名消费者购买过我们种出的生态农产品。

当我把天水厕所故事告诉 ARNO 博士后，他推荐法国 MONA LISA 制片公司到天水为我拍了纪录片，作为法国 ARTE 纪录片 URINE SUPERPOWERS《尿液的超级力量》的一部分。导演说，我那一段最精彩。我还把天水厕所革命故事发到国际生态卫生联盟 SUSANA 论坛上，德国，法国，美国，摩洛哥等国 60 多位外宾来天水参观学习我在天水用尿液种苹果的过程。

2015 年，受欧洲磷协会 ESPP 邀请，在柏林《欧洲第二届磷可持续应用大会》上，我向 35 个国家 350 名入会代表讲述了我在天水收集尿液种苹果的故事。ESPP 认为，尿液直接回田是回收磷的最有效最经济的方式，是循环经济的最高境界。ESPP 还把我的厕所革命实践与柏林污水处理厂磷回收并列为当年磷回收成功案例。

图 2　2015 年欧洲第二届磷可持续应用大会

从 2001 年我在深圳看到 Separett 无水马桶到登上欧洲可持续发展最高论坛，我用了 15 年时间。从 2007 年，郝晓地教授在他办公室给我们兄弟俩讲欧洲把磷回收工作当作循环经济的最高峰那一刻算起，我用了 8 年时间。早在 2007 年，我就从郝晓地教授的专著和网络上就了解到大小便分离的厕所革命 2.0 概念。这概念是德国汉堡科技大学 THUU 水资源管理学院的 Otterpohl 教授最先提出的。2018 年 4 月 23 日，终于在 THUU 见到 Otterpohl 教授，他说我是全世界实践他厕所革命 2.0 思想最彻底的“学生”。我问他这思想是从哪里来的。他说是从瑞典等北欧国家的粪尿分离厕所总结出来的。他还说，Separett 无水马桶是世界上最好的粪尿分离马桶，他在实验室装了一个 Villa 9000 无水马桶。我告诉他，Separett 这马桶模具是我在中国的团队生产的。他感叹说，这世界真小啊。Otterpohl 教授说，他最先提出厕所革命 2.0 概念后，被德国国际合作发展公司 GIZ 借用。GIZ 和 SEI 牵头儿成立了国际生态卫生联盟，SuSanA，致力于向全世界推广粪尿分离的“厕所革命 2.0”概念，试图帮助各国实现“粪土回田的有机农业 + NO 化肥厂 + NO 污水处理厂 + NO 污水管网”可持续发展模式。

我基于厕所革命 2.0 原则，在天水收集学校厕所尿液种苹果的实践可以总结为 TOPE 模式，希望向国内外推广。

T 代表 toilet，粪尿分离厕所 UDDT

O 代表 organic agriculture，有机农业

P 代表 poverty elimination，送肥扶贫

E 代表 E-commerce，农业电商

图 3　TOPE 模式

基于我的经验，我希望有关政府部门尽快出台一个纲领性的文件，对厕所目标和技术路线进行总体规划，能让中国领导人在2030年联合国可持续发展目标汇报大会上，向全世界交出一份合格的SDG考核答卷。而如果没有顶层设计，各地厕所革命很容易走上传统厕所1.0模式，即水冲厕所+传统污水处理厂，已经被实践证明为一种不可持续的发展模式。西方国家与非洲等地没有粪土回田的生态文明，消费者从心理上也很难接受人粪尿当肥料种出的农作物。他们政府和学者也希望推广厕所革命2.0，但民众不接受粪尿当肥料种出的农产品。这给了中国厕所革命一个弯道超车的机会。

厕所是五谷轮回之地，是生态农业的“芯片”。我的厕所革命理想印在每一个苹果箱子上：立足天水，探索可持续农业方法，提供安全的粮油蔬果，把水环境恢复到1970年前水平。感谢所有买过我产品的朋友，是你们的切实支持让我坚持到了中国厕所革命高潮这一刻，是你们的支持让全世界看到了中国改善环境的全民意愿。

最后要感谢潘石屹先生和他的团队给我搭建了一个平台，让我实践厕所革命2.0理想，让中国粪土回田的传统生态文明走向了世界。

惠达卫浴与“千县万镇厕所革命”

马俊武*

唐山，素有“北方瓷都”之称。唐山陶瓷源远流长，600 年来烧制了无数的艺术珍品，形成唐山独特的陶瓷文化，也造就了现代建筑卫生陶瓷的辉煌。1914 年，唐山制造出中国第一件卫生陶瓷，也因此成了中国卫生陶瓷工业的发祥地。

始创于 1982 年的惠达卫浴，传承唐山陶瓷文化与卫生陶瓷百年积淀，经过 36 年的发展，凭借不断创新的商业模式，全球化的发展视野，成为享誉国内外的综合卫浴领导品牌，并于 2017 年在中国上海证券交易所成功上市，开创了现代中国卫浴行业的传奇。

一 创新发展 36 年 不断引领行业

公司前身为 1982 年成立的黄各庄陶瓷厂，应中国改革开放

* 惠达卫浴股份有限公司国内营销总经理助理兼品牌部长。

经济大潮而生。1984年遭遇市场疲软，导致大量产品积压。面对困难，惠达人背着陶瓷产品先后到北京、广州等城市推销，企业走出危机。正是这次转机，让惠达人意识到，企业发展必须走出唐山走向全国。

1986年，不断壮大的黄各庄陶瓷厂提出了“面向唐山 走向全国”的发展目标。此后，国内销售市场得到进一步拓展的同时，于1990年首次打入国际市场，产品出口到新加坡、日本、韩国等国家。

至此，惠达进入快速发展的阶段，1987—1996年间，惠达通过与外商合资等方式，投入巨额资金进行技术改造，引进先进生产线，实现了由作坊式生产向机械化生产的蜕变。

1995年，黄各庄陶瓷厂组建唐山惠达陶瓷集团，“惠达”品牌诞生。同年，惠达提出了“争全国第一”的发展目标，并确定“品质卫浴”战略。1996年，公司的卫生陶瓷生产能力已超过100万件，在当时居全国同行业前列。

在“品质卫浴”战略的指引下，惠达陆续引进行业内尖端人才及各类高新技术，显著提高了公司的研发能力，先后从美国、意大利等国引进了国际先进、国内领先的装备，并消化吸收创新，使技术、工艺、装备达到国际先进水平。

不仅仅着眼于新技术、高标品质，惠达更以全球化视野，以世界高端人居卫浴体验为准，创造更完美的设计与体验享受。惠达建立了行业首个博士后工作站，省级企业技术中心。2013年，惠达被国家发改委、科学技术部、财政部、海关总署、国家税务总局5部门联合认定为“国家认定企业技术中心”，成为国家级企业技术中心。依托强大的研发与科技队伍，先后开发出了众多在国内外技术领先和具有知识产权的产品，在节水、环保、智能化功能的开发方面走在了世界的前列。

为推进建筑的节能、环保，惠达卫浴联合相关部门、机构积极倡导住宅产业化。集中力量探索住宅建筑工业化生产方式，研究开发与其相适应的住宅建筑体系和通用物品体系，建立符合住宅产业化要求的新型工业化发展道路，促进住宅生产、建设和消费方式的根本性转变。由于在住宅产业化过程中积累了丰富的经验和技术，惠达被住房和城乡建设部批准为行业首个国家住宅产业化基地企业。2017 年，住房和城乡建设部认定惠达卫浴为第一批装配式建筑产业基地企业。

凭借优秀的产品品质，惠达自主品牌已在美国、德国、韩国等 26 个国家成功注册，产品先后通过了欧盟 CE、美国（C）UPC、韩国 KS、加拿大 CSA、荷兰 KIWA、澳大利亚 WATER-MARK、印度尼西亚 SNI、英国 WRAS 和法国 ACS 等国家或地区的认证，产品销往 80 多个国家和地区，出口额连续多年保持国内同行业首位。此外，惠达卫浴还连续多年受邀出席德国法兰克福国际卫浴展、迪拜 BIG5 和印度、智利等国家的卫浴展会，在国际最高舞台上展示了中国卫浴企业的风采。

二　研发针对性解决方案以创新驱动“厕所革命”

惠达卫浴具备大规模交付和解决方案服务的能力，产品已经实现多元化、系列化、多品种、全配套的卫浴产品，产品品质过硬、技术先进，既可以满足普通游客的一般需求，也可以满足老年人、妇女、儿童和残障人士等特殊游客如厕要求。同时，惠达卫浴产品在节能环保方面也都拥有成熟的理念和技术，能满足现代旅游厕所对现代时尚、方便实用、节能节水、保护环境等的要求，无论是产品，还是技术、理念，都是“厕所革命”建设亟需。

2015年6月3日，惠达卫浴参展第20届中国国际厨房、卫浴设施展览会。本次展会上惠达卫浴携带多款人性化、智能化、绿色化的产品进驻上海厨卫展，并搭建了“生态厕所”展间，展示了一种更为环保、科技、节能、健康的旅游公厕形象。

（一）惠达生态厕所系统

“生态厕所”主要是针对目前旅游厕所存在：1. 普通洁具易使粪便裸露造成臭味散发和脏水溅臀，这是公厕的顽疾，也易引起严重的卫生问题。2. 每次厕所冲水会导致每立方米3000—5000个粪便细菌进入到空气，是重要的疾病传播来源。3. 大部分旅游景区地处偏僻，无法建设完善的排水管网，因此，很多公厕建成后无法排水而成为摆设，或者花费昂贵代价用拖粪车抽取运送。4. 粪便污水中的营养元素如氮磷，无法被回收利用，不仅浪费营养还造成周边水体的富营养化。5. 大量的冲水不仅浪费宝贵的景区水资源，还导致污染物扩散到更远的地理空间等上述的卫生、排水、污染、水资源浪费等问题而提出的系统解决方案。

通过利用公厕室内的高度清洁技术及污水生态化处理技术，进行污染物自净，以达到提高厕所用水的利用率，最终实现资源的可循环再利用。本着以人为本、环境友好的产品设计初衷，采用新技术、新材料建设旅游厕所，使其更符合现代时尚、方便实用、节能节水、保护环境的要求，让旅游公厕变得更经济、更环保、更便捷、更人性，让游客在旅游途中如厕时得到全新的体验。

高度清洁技术其包括智能泡沫联体马桶，主要是利用 D-BOX 泡沫技术，彻底解决马桶病毒挥发问题，去除异味，杀灭陶瓷表面细菌。具体是使用电解水泡沫技术，利用微酸性电解电极和玉米发酵制备的生物发泡剂制造平均直径为 10—100um 的细微泡沫，这些泡沫通过输送管路将其覆盖在洁具内腔。该消毒泡沫具有三种功能：利用自来水中的有效氯作为消毒源，可杀灭陶瓷表面细菌，去除异味。粪便时刻被覆盖在泡沫内，消除视觉污染同时解决臭味散发问题。冲水时粪便内细菌被泡沫包裹，彻底消除细菌向空气扩散。

智能泡沫蹲便器，针对旅游景区厕所人流量大等特点，采取模糊控制，自动识别大小便，小便采用泡沫覆盖，大便可通过使用频次控制冲水，节水 70% 以上；采用泡沫消毒覆盖内腔，模糊识别如厕频率，可节省 95% 以上的冲水，利用泡沫消毒清洁功能，杜绝溅水问题。

智能泡沫小便器，超能节水，每次用水量只需 0.3 升，采用泡沫消毒覆盖内腔，模糊识别如厕频率，可节省 95% 以上的冲水，表面微生物对尿液具有分解功能，杜绝氨气产生。

公厕污水生态化处理则采用了包括固定化微生物处理、优质中水处理与回用、营养盐回收等在内的多项行业领先技术。

固定化微生物处理技术较常规水处理设备节约建造面积 30%，电耗降低 40%，且高度适应高浓度粪便污水，筛选当地微生物优势种群的固定化微生物技术能够使水处理系统适应北方严寒和南方高温地区的污水处理。优质中水处理技术将洗手水进行技术处理可得到用来回冲厕所的中水，满足大部分的冲厕需要。营养盐回收技术通过技术手段吸附粪便污水中的磷，可作为肥料使用。

综上所述，生态公厕系统可以节约70%以上的用水，使得有限的水资源得到高效利用，创新性的营养盐回收系统可将粪便中的有机元素回收再利用，大大地节约人力物力，更生态更环保；独有的泡沫便器系统可以隔绝臭味以及视觉污染，有效杜绝病毒扩散，让用户在如厕时得到清新的体验。

（二）惠达智能马桶

智能坐便器，俗称智能马桶或电子马桶，属于建筑给排水材料领域，是指在传统的陶瓷或塑料坐便基础上安装的由电子电路控制的卫生器具。是一种由智能芯片控制，集臀部清洗、女用清洗、暖风烘干、除臭杀菌为一体的高科技卫浴产品。分为智能坐便器和智能马桶盖两大类。消费对象人群包括：（1）追求舒适和高生活品质的中产阶层以上人群；（2）女性，用于特殊生理周期及日常清洗护理；（3）特殊群体，如老年人、孕妇、儿童及行动不便和肛肠疾病患者等。

惠达是国内卫浴企业中最早关注并推出拥有自主知识产权的智能便座的企业。早在2005年，惠达卫浴推出了首款智能马桶产品，产品一经问世便得到广大国内消费者的一致好评，成为中国智能卫浴消费的启蒙。此后，惠达不断研究消费需求，相继推出含音乐、遥控、无水箱即热式功能的智能产品。

为向消费者提供更优秀的智能卫浴解决方案，惠达不仅整合全球优势产业资源，打造自动化、信息化、智能化的生产制造体系，还不断尝试一系列的跨界合作，2012年，惠达在韩国成立电子卫浴研发中心；2016 年，惠达卫浴联合麦格米特公司共同组建的智能卫浴联合实验室；并与意大利、德国设计师展开合作，赋予产品国际化高端元素，掌握了国内智能卫浴产品的市场话语权。除了具有世界领先技术外，更通过使陶瓷制造工艺与电子科技实现无缝对接，实现大幅度提升品质和降低成本，使中国消费者有了以本土价格，享受世界级智能卫浴品质的机会。从而引领中国电子智能卫浴进入全面普及的新阶段。

（三）惠达无水小便器

为解决山区旅游景区，缺少水资源地区，供水不完善及不可供水地区，水资源贫乏地区以及大型活动临时搭建的移动厕所对用水量苛刻的需求，除了不断研发节水产品，惠达还对免水产品进行开发。

惠达创新推出的无水小便器一年即可节省 136 吨水（按每日 100 人次使用计）。另外，经过权威机构检测，无水小便斗的细菌总数比普通小便斗低近 5 倍。

因完全不用水，不会发生跑水、漏水现象；由于没有污垢产生，“无水小便斗”将会比普通产品减少除垢剂、清洁剂、洗涤剂等化学产品的使用量，对环境影响几乎为 0，管道堵塞的概率为 0。

三 惠达启动“千县万镇厕所革命计划”

自 2015 年起，国家旅游局在全国范围内启动三年旅游厕所建设和管理行动。行动启动以来，“厕所革命”取得明显成效。

截至2017年10月底，全国共新改建旅游厕所6.8万座，超过目标任务的19.3%。“厕所革命”逐步从景区扩展到全域、从城市扩展到农村、从数量增加到质量提升，受到广大群众和游客的普遍欢迎。

为深入贯彻落实党的十九大精神和习近平总书记关于“厕所革命”的重要指示，进一步补齐短板、提升品质、优化机制，全面提升我国旅游厕所服务水平，2017年11月，国家旅游局发布《全国旅游厕所建设管理新三年行动计划（2018—2020）》。按照计划，从2018年到2020年，全国将新建、改扩建旅游厕所6.4万座，达到“数量充足、分布合理，管理有效、服务到位，环保卫生、如厕文明”新三年目标。从2018年开始，“厕所革命”由旅游景区扩展到全域，从城市扩展到农村，成为美丽中国、健康中国建设的示范工程。

作为“厕所革命”的先行者和推动者，惠达卫浴除了研发业内领先的生态环保、除菌、除垢、节水乃至无水、智能应用等针对性技术解决方案，以满足我国幅员辽阔，不同地区对厕所改建升级多样化多维度的需求的特点以外，同时，惠达卫浴还携手相关机构搭建平台，积极推进“厕所革命”。

2014年12月，惠达卫浴携手宜居中国联盟在北京联合发布“千县万镇厕所革命计划”。“千县万镇”计划的目的是依托国家新型城镇化战略，面向县镇市场，联手联盟成员，打造新的建材家居销售平台，为尚未使用上现代卫浴产品的7亿消费者提供绿色卫浴家居产品。

2015年4月，惠达邀请宜居中国联盟旅游厕所智库和创新设计联盟的专家、学者赴惠达卫浴集团总部，发起千县万镇旅游厕所行动计划。启动仪式上，惠达卫浴总裁王彦庆表示，惠达卫浴发起并积极参与“千县万镇厕所革命”行动，一方面是因为“厕所革命”计划和惠达的“千县万镇”计划有互通互融之处，另一方面，惠达作为民族卫浴企业，参与中国的旅游厕所建设，也是企业的社会责任使命！王彦庆总裁介绍说，惠达致力于推动中国旅游“厕所革命”的优势一方面是惠达已经实现的多元化、系列化、多品种、全配套的卫浴产品，产品品质过硬、技术先进，既可以满足普通游客的一般需求，也可以满足老年人、妇女、儿童和残障人士等特殊游客如厕要求，同时，惠达卫浴产品在节能环保方面也都拥有成熟的理念和技术，能满足现代旅游厕所对现代时尚、方便实用、节能节水、保护环境等的要求。另一方面，惠达也可以借助其在行业内的影响力，发动宜居中国联盟内部的力量，推动众多企业共同参与厕所旅游革命，推动中国旅游厕所实现服务人性化、管理现代化、品牌国际化！

为了进一步提升景区厕所设计和建设水平，以实际行动支持旅游景区厕所要具有节能环保的新理念，惠达卫浴相继参与支持并发起了旅游厕所设计大赛、赴日考察和学习日本旅游厕所、发起首届文明中国厕所论坛等，引起了国内各界对厕所革命的重视和广泛参与。

2018 年 4 月，惠达厕所革命研究所正式揭牌成立，成为国内首个由民族卫浴企业发起并成立的厕所革命研究所。该研究所的成立得到了宜居中国厕所革命联盟、宜居中国设计创新联盟等单位的大力支持，汇聚了国内外相关领域的专家，致力于为厕所革命 2.0 的推广提供全方位的服务。

中国厕所革命面临的挑战

Arno Rosemarin 博士*

在中国受过良好教育的中产阶层人口正日益壮大。他们在环境、健康、安全方面提出了更高的生活品质要求。这种形势让中国在许多方面处于十字路口上，中国政府必须把选择最佳的可持续发展政策当作最重要的一项工作，以满足他们未来的需求。正如中国国家主席习近平所指出，中国进入中国特色社会主义新时代的主要挑战，就是解决“人民日益增长的美好生活需要和不平衡不充分的发展之间的矛盾”。与工业化国家相比，中国将不得不在资源和环境更为受限的大环境下完成这项艰巨的任务。新时代的发展将更加注重质量而不是速度，注重创新而不是简单复制。中国注定要开辟一条全新的发展之路。

在卫生方面，中国应该用全球化的角度来审视西方工业化国家所犯的错误并从中吸取教训。这些国家曾经过度关注厕所问题，而对更大型的卫生系统则关注不够。

---

* 斯德哥尔摩环境研究院生态卫生厕所专家。

因此，我们不能把厕所革命简单地理解为建造更多更好的厕所，而是呼吁针对卫生环境和卫生条件，生成一套有着创新性和革命性特点的系统解决方案，将整个卫生系统价值链整合在一起（见图1）。除兴建厕所外，厕所革命方案还必须包括废物的储藏、清掏、运输、处理、安全回收和处置。无论是坑式厕所还是城市大规模的下水道卫生系统都包括这些工作环节，都需要在现有技术条件下进行审视（Tilley et al.，2014）。

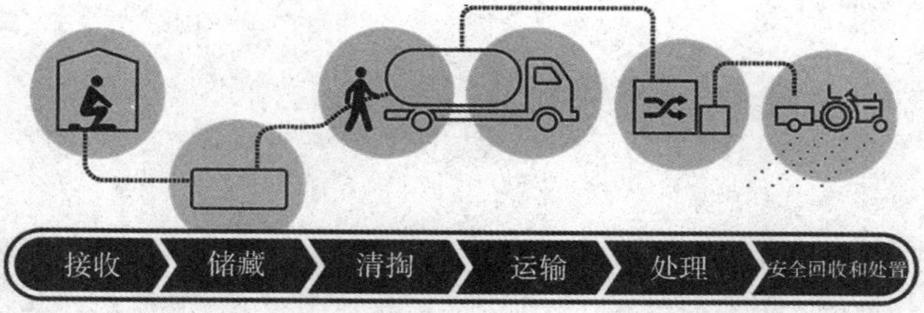

图1　厕所系统价值链（IRC）

厕所革命不仅仅是建立卫生厕所这么简单。事实上，中国如果研究一下正在进行的“印度清洁革命”（Swachh Bharat Abhiyan）后就会发现——为了使厕所革命在一定规模上达到效果，就需要对固体和液体废物都进行处理，还要影响到消费者的认知和态度；居民在家里就必须实施源分离政策，回收厨房和厕所内外的有机物和固体废弃物，从而达到家庭全部废弃物的系统化管理。事实上，中国已经为这场革命奠定了一块重要的基石，在全国设立了1500个堆肥厂，采用EM菌（有效微生物群）来处理农业废弃物、餐厨垃圾和厕所废物，使其可以循环再利用。中国人对于“循环经济”（见图2）的概念并不陌生，但将其应用于卫生领域则是一个大新闻。那些曾经被全世界公认为是必须被处理掉的废物，现在却被重新认定为是一种能源和农业资源。新的证据显示，集中式卫生系统在资源循环利用方面取得了令人鼓舞的成绩，让大家看到了成功的案例和商业模式。（Andersson et al. , 2016；Otoo and Drechsel, 2018）

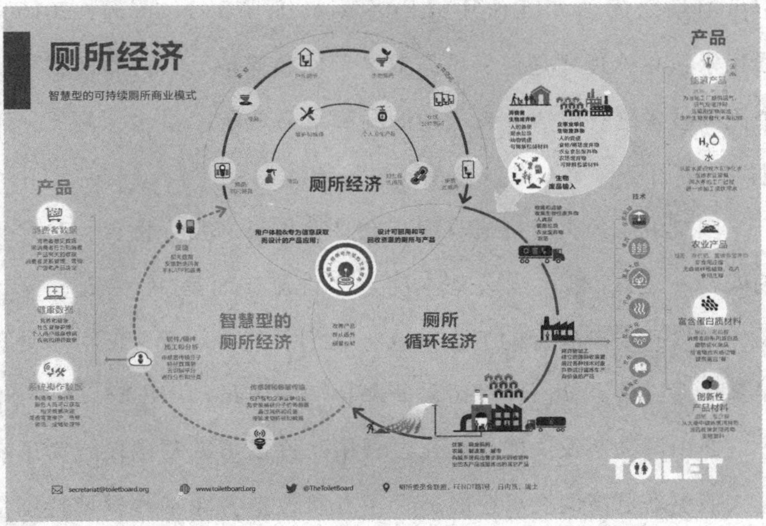

图 2　厕所经济

（来源：厕所委员会联盟）

但是，这种新的循环经济还需要很长时间才能建立起来。在过去的 150 年里，工业化国家推行和引进的卫生系统很多都还在沿用传统的方法，其基本原则也没有变过。部分原因是公众对卫生领域知之甚少，用户从而缺乏拥有感。厕所行业因此被孤立而导致发展不足，在创新改革方面收效甚微。目前正在修建的卫生系统仍然是以伦敦 19 世纪中的模式为基础。（Halliday, 2001）过去卫生系统的目的是保持“干净”，把潜在的疾病和厕所使用者隔离开来，人们对污染和疾病的恐惧也一直成为技术背后的驱动因素。消费者单从厕所这个外置设备完全了解不到其下面连接的巨大管网系统和水泵是如何工作的。把如厕者与整个下水道系统完全隔离开来就是厕所工程的成功之处。实际上，改善卫生安全和健康不仅取决于卫生系统本身，还依赖于安全供水与卫生习惯之间的相互作用（Esteves Mills and Cumming，2016）。饮用水氯化处理才是提供可靠卫生条件和保护公共健康所需要的最重要技术之一。因此，成功的厕所革命就是“供水 + 厕所 + 卫生”（英语简称 WASH）全系统的成功。

围绕卫生的全球挑战难度正在日益增长。当今世界，最严重的问题不是 25 亿人没有基本的卫生设施，而是 45 亿人（全球 60% 人口）缺乏安全的卫生系统（他们可能有厕所，但污水处理设施很差或根本就不存在污水处理）（WHO and UNICEF，2017）。

在中国高速发展的城镇化过程中，许多早期基础设施为了满足人们更新更高的要求已经进行了升级改造。在某些领域特别是出口制造业，中国已经在生产效率和产品质量方面实施了可持续性和领先世界的技术与政策。但对于一些国内民用领域如农业、能源、矿业、水资源和卫生设施等，中国还在沿用国内外已证明过的老套路。因此，虽然新一代中国城市人虽然过去曾经务农或生活在这片国土上就天生具备一颗绿色的心，但他们很快就丧失了洞悉资源匮乏和自然平衡的宝贵能力。相反，如同世界上其他城市人一样，他们以为水资源取之不竭，并不了解纯净的水源来自哪里，也不知道浑浊的废水排向了哪里。这种脱节使得一旦遇到旱灾和水灾导致的卫生系统临时失效，消费者就会因为自己与卫生系统的隔离而很容易受到伤害。

在过去的 20 年里，中国农村地区卫生条件得到显著改善

（见图 3）。根据世界卫生组织/联合国儿童基金会的定义，卫生普及率是指公众有基本的厕所而已，改善范围也主要是针对基本卫生设施——在中国农村和城郊地区修建公共厕所。中国当今的厕所革命聚焦于提高这些落后厕所的质量标准。

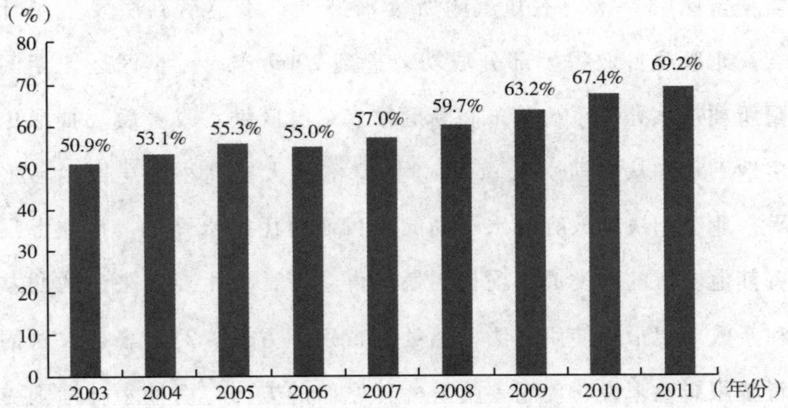

图 3　中国农村改厕数据

20 世纪 90 年代末，瑞典参与了中国农村，特别是广西地区住户的厕所改造工作。在短短几年内，广西壮族自治区和其他一些省份的数百个村子的村民很快接受了这种粪尿分离式干厕。利用灰土来处理干湿分流厕所的排泄物技术也得到了推广。在地下水位较高的地方或洪水地区，只有这些高于地面的干厕才能正常使用。当时改厕成功的关键就是用户拥有那些厕所并且也愿意投身于维护整个卫生系统的工作中。

为了研究城市居民对无水厕所的接受程度，瑞典与内蒙古鄂尔多斯市合作，在东胜区建立了一个配备粪尿分离无水马桶的高层住宅项目（Rosemarin et al.，2012）。该项目规模巨大，有 3000 名居民居住，迄今为止仍是同类项目中最大的城市干厕项目。这个开发项目从2001年运营到2009年，它是业主、地方政府和当地建筑公司共同合作的结晶。当时，专门供多层住宅使用的无水厕所技术还不是很成熟。项目进行期间，还进行过一系列整改，试图解决通风不良和其他问题。事实上，抽水马桶的水封隔绝了臭味，使用者完全不知道厕所废水进入下水道后到底发生了什么。东胜项目取得了部分成功，直到2009年，在小区运作期间厕所和灰水处理系统从未间断运作。东胜区供水改善后（抽取更多地下水和从黄河引水），煤价的暴涨大大提高小区居民生活水平，业主们决定放弃无水马桶的项目而改用抽水马桶。再加上没有其他城市的同类成功项目案例可供参考，业主要向来访的朋友和亲戚介绍干厕使用方法，感觉到特别不方便。对于来自农村的新城市居民来说，使用干厕是一种原始的方法，而抽水马桶则更加理想。导致决定采用抽水马桶的最重要因素就是业主缺乏卫生系统的所有权和长远愿景。当地也没有任何领导人或组织具备对卫生系统进行创新的远见。这种情形是完全可以理解的，这也是世界上任何城市垃圾系统所共同面对的核心挑战。不过，生态城一栋楼一个单元仍在进行测试。一款自带换气扇的先进无水马桶，Separett Villa 9000，安装在四个住户家里试用一年后，性能表现良好，业主和使用过该马桶的人都表示很满意。

那么，接下来中国的厕所革命是什么？是不是将关注点放在清洁城市和农村？还是仅仅提高卫生标准、增加便捷性，关闭约100万座村庄的成百上千坑式旱厕，为村民全部装上水冲厕所和下水道系统？

给居民家里安装厕所当然是厕所革命的一部分工作，但对卫生系统的关注也同样重要。随着中国人生活水平日益提高，中国在大中城市和乡村都建设了越来越多的冲水式卫生系统（有的是分散式污水处理，有的是集中式污水处理），新的城市思路也迅速占据了主导地位。如果中国厕所革命的结果是大家都只推崇“一冲就忘”的冲水式厕所思维，那就将是一种理念上的倒退。如果中国的厕所革命能把厕所废物变成资源，把大家的心态从“一冲就忘”变成“冲了还记住”（把粪土变成资源）的话，那中国就会成为世界厕所革命的领导者。